KB236913

경남의 현대건축

경남건축가협회 경남지역의 건축을 사랑하는 건축가, 교수 등으로 구성된 단체로 경남건축대전, 경남예술제 회원전, 정책토론회, 지역건축답사, 강연회 및 심포지움 등의 행사를 통해 지역의 건축문화 창달에 앞장서고 있다. 한국건축가협회 경남지회의 역할도 담당하고 있다.

저자소개

김태중
경남대학교 건축학과 교수

양금석
경남과학기술대학교 건축학과 교수

이강주
창원대학교 건축학과 교수

조형규
창원대학교 건축학과 교수

주우일
경남도립거창대학 건축인테리어과 교수

내 손 안의 경남 *004*

경남의 현대건축

초판 1쇄 발행 2011년 2월 28일

저 자_경남건축가협회
펴낸이_윤관백
편 집_이경남 · 김민희 · 하초롱 · 소성순 · 주명규 ▮ **표지**_김현진 ▮ 제작_김지학 ▮ 영업_이주하
펴낸곳_도서출판 선인 ▮ **인 쇄**_대덕문화사 ▮ **제 본**_바다제책
등 록_제5-77호(1998. 11. 4)
주 소_서울시 마포구 마포동 324-1 곳마루B/D 1층
전 화_02)718-6252/6257 ▮ **팩 스**_02)718-6253 ▮ **E-mail**_sunin72@chol.com
정 가_12,000원

ISBN 978-89-5933-373-8 04900(세트)
ISBN 978-89-5933-436-0 04900

■저자와의 협의에 의해 인지 생략.
■잘못된 책은 바꾸어 드립니다.

내 손 안의 경남 004

경남의 현대건축

경남건축가협회

선인

이 책은 경남건축가협회와 경남학연구센터의 공동학술사업으로 시작되었다. 사실 처음 기획 의도는 경남의 건축문화를 알리자는 목표 아래 지역의 대표적 건축물을 선정한 뒤 이들 건물에 대한 간단한 정보를 지도에 기록하여 대중에게 보급하자는 것이었다. 그런데 처음부터 쉽지 않은 난관을 만나게 되었는데, 바로 수많은 경남의 건축물 중에서 어떠한 건축물을 선정해야 하느냐였다. 가능한 많은 건축물을 담으면 좋겠지만 그렇게 되면 지도로서의 의미나 가치가 사라질 수밖에 없다. 그러다보니 우선 경남의 건축에 대해 내부적으로 알아보자는 의견이 대두되었고, 자연스레 책의 기획방향이 경남의 지역별 우수 현대 건축을 선정 및 소개하는 쪽으로 바뀌게 되었다. 마침 경남학연구센터에서는 '내 손 안의 경남' 이라 하여 경남의 역사와 문화 전반에 대해 가볍게 소개하는 시리즈를 기획하고 있었는데 본고의 기획방향과 꼭 일치하였다. 이것이 바로 이 책이 탄생하게 된 배경이다.

바야흐로 건축문화의 시대이다. 각 지자체 및 건축관련 단체들은 수많은 건축문화축제를 기획하고 있고 각종 강연회, 심포지움에서는 우리의 건축문화에 대해 다양한 토론과 주장이 제기되고 있다. 그런데 우리에게 '건축문화' 라는 것이 과연 존재하는가 생각해본다면 여전히 혼란스럽다. 건축의 보전가치나 문화유산으로서의 활용에 대한 주장들은 이제는 지겹다 할 정도로 수없이 토론되었음에도 불구하고, 재개발, 재건축이라는 개발가치가 여전히 더 앞서 있는 부동산 시장 앞에서는 무기력해질 수밖에 없다. 외국의 유명건축가들이 설계한 작품들에 환호를 보내는 관중의 모습이 펼쳐지는 한편, 자신이 설계했음에도 기공식에서조차 초대받지 못하는 국내 건축가들의 위상이 눈앞에 펼쳐지는 광경은 참으로 기이하다. 이러한 현실 앞에 우리의 건축문화란 무엇이고 현주소는 어떠한가라는 질문은 여전히 고민스러울 수밖에 없다. 그렇지만 이것은 충분히 고민할 만한 가치가 있는 일이다. 우리 건축문화에 대해 건축인들 스스로의 자존감을 회복하고 이를 일반 대중의 이해와 관심으로 확대해나가야 비로소 우리 건축문화의 정체성을 확인할 수 있을 것이다. 그

첫 출발로써 지역의 건축문화에 대한 탐구가 필요할 것이다. 지역의 건축에 대한 이해 없이 한국의 건축문화를 이해하고 보급할 수는 없기 때문이다. 이러한 지역의 건축문화의 이해와 대중적 보급을 목표로 경남지역의 현대건축을 탐방하고 그 발자취를 기록한 책이 바로 이 책이라 하겠다.

집필 대상 건물을 선정하고 집필 방향을 정하기 위해 집필진 간에 내부 토론 및 회의가 수차례 진행되었다. 이러한 과정을 겪었음에도 불구하고 저술방향이 집필자의 개성에 따라 조금씩 다를 수 있는데 독자들의 이해를 바란다. 한편 앞에서 우수 건축을 소개한다는 표현을 썼는데, 이 책에 수록되지 못한 다른 건축물은 우수하지 못하다는 뜻은 절대 아니다. 여기에서는 지면상의 한계로 인해 적은 수의 건축물을 소개할 수밖에 없었으며, 이 책에 소개되지 않은 수많은 경남의 건축물들이 저마다 개성적인 디자인과 독특한 건축 어휘로 무장한 채 우리를 기다리고 있다. 이 책은 경남 건축문화를 이해하기 위한 작은 첫걸음이며, 이를 계기로 우리 지역에 대한 수많은 건축 비평과 담론들이 꾸준히 생산되기를 기대한다.

2010. 12. 27.
집필진을 대신해서 조형규 씀

경남의 현대건축

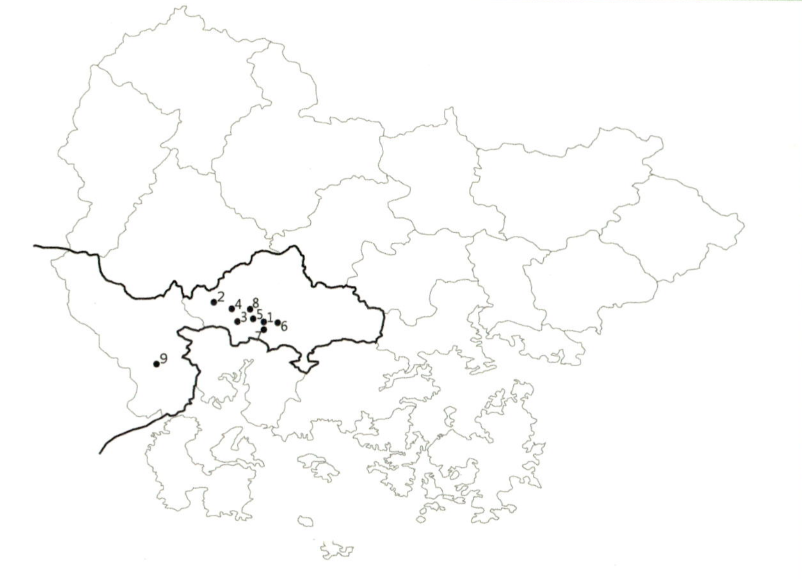

1

서부경남 지역

경상남도문화예술회관
남명기념관
진양호전망대
진주청동기문화박물관
국립진주박물관
진주시청사
바른병원
갑을가든
하동군 보건소

전통과 현대의 충돌... 경상남도문화예술회관

경상남도문화예술회관은 진주도심의 남강변에 위치해 있다. 이 건물의 전체적인 특징은 전통한옥을 모티브로 공연장 기능에 맞추어 형상을 구축하였는데, 지하에 선큰광장을 두고, 지붕 아래에 전망대가 설치되어 문화공연 이외의 부수적인 기능을 높이고 있다. 이 건물은 고 김중업이 오랜 외국생활을 마치고 국내에 들어와 부산과 창원 문화회관 낙선 이후, 1981년 세 번째 만에 현상설계로 당선된 작품이다. 현상공모 당시에는 그 당시 쌍벽을 이루던 고 김수근 작품인 국립진주박물관이 있는 진주성 내에 부지가 잡혀 있었다. 따라서 김중업은 이 건물을 설계하면서 천년의 도시인 진주의 역사성과

| 주출입구에서 바라본 모습 |

진주성을 설계모티브로 삼았다며 다음과 같이 회고하고 있다. "임진왜란 때 끝까지 민족수호의 아성이었고 논개의 의기와 더불어 유서 깊은 진주성이 남강의 우아한 자태를 빚어 대지조건이 특이하고 매년 개천예술제가 열리는 오랜 전통이 더욱 보람 있는 일이라 믿음직스러웠다. 그렇기에 전통과 오늘의 만남이 극적인 효과를 나타내야 하고 모이는 이들에게 뿌듯함을 던져 주려고 애썼다." 현상설계에 당선된 후 막상 건물을 지으려고 하였으나, 진주성은 공원화 사업으로 이 건물을 건립할 만한 땅이 없었고, 또한 김수근의 국립진주박물관 때문에 미묘한 입장차가 발생하여 현재의 위치에 건립하게 되었다

고 전한다. 사실 김수근과 김중업은 1967년 8월 19일자 동아일보 사회면에 톱 단으로 게재된 '부여 박물관 건축양식에 말썽-일본인 신사 같다'라는 기사에 김중업은 '망거 부여박물관 설계도를 보고'라는 논제를 통하여 왜색논쟁의 이데올로기적 대립각을 세우던 시기 이후 김중업은 더욱더 한국적인 미에 탐닉하게 되고, 김수근 또한 전통의 현대적 조형에 변화를 꾀하게 되는 계기가 되었는데, 그 후 이 두 건축가의 건축미학적 세계관을 두 건물에서 잘 보여주고 있다. 아무튼 이 문화예술회관은 1984년 착공되어 1988년에 준공되었고, 2009년 동남아태건축사사무소에서 리모델링설계를 맡아, 기존의 건물

| 대공연장 실내모습 |

에 투명한 강화유리를 덧씌우고, 전망엘리베이터와 전망대가 부가되었으며, 또한 대공연장, 전시실, 관람권 구매로비 등의 대대적인 수리를 통하여 현재에 이르고 있다.

이 문화예술회관의 공간구성은 지하 1층, 지상 4층으로, 지하층은 화단 및 연못으로 구성된 선큰광장과 연습실, 분장실, 전시실 등이 있다. 1층은 관람권을 구매하는 로비와 전시실, 기타 외부통로와 계단아래에 화장실 등이 있고, 2층과 3층은 1,564석의 대공연장으로 객석부와 무대가 있다. 그리고 3층의 옥상에는 전망대가 설치되어 있고, 여기에서 다시 계단으로 올라가면 4층 사무실 등이 있다. 그리고 대공연장 앞에는

| 전망대에서 바라본 남강 |

강화유리로 되어 있어 남강이 한눈에 들어오는 투명화된 공간인 로비가 있고, 이곳과 연결되어 2대의 전망엘리베이터가 남강을 조망하면서 전망대로 올라갈 수 있는 편의시설이 설치되어 있다. 전망대는 전통한옥의 기둥과 공포를 현대적으로 재해석한 지붕처마 밑의 열려진 공간으로, 전면의 픽쳐프레임으로 들어오는 남강과 뒤벼리 암벽이 일품이다. 이 공간의 둔탁함을 해소하기 위하여 지붕 좌우에 원형의 탑라이트(Top Light)를 설치하였다. 기둥과 공포에 빛이 투영되어 숲 속에 있는 영감을 갖게 한다.

이 문화예술회관의 의장적 특징은 전통건축의 기둥과 공포, 한식지붕 등을 현대적으로 재구성하였다. 즉, 정면과 좌우측면에는 십자형 열주를 설치하였는데, 이 열주 상부에는 옛날 관아건물이나 사찰, 궁궐 등에 적용된 공포를 김중업 방식의 현대적 감각으로 지붕을 받치는 조형물로 변형되어 나타나고 있다. 이 건물은 김중업의 스승인 "르 꼬르뷔제의 건축세계관"의 답습에서 어느 정도 자기의 건축세계관을 구현한 후반기 작업에 속한다. 하지만, 한국전통양식의 정형화된 현대의 형식적 틀에서 벗어나고자 하였으나, 크게 성공하지 못한 미완의 작품으로 보는 편이 타당할 것이다. 이 건물은 앞서 김중업이 보여준 유엔묘지 정문(1966), 육군박물관(1982) 등에 사용된 이미지의 결합과 프랑스대사관(1961)이 보여주었던 깊이 있는 통찰의 산물이 아닌 전통건축의 이미지를 김중업 방식의 조합된 산물로 내재된 의식의 표현으로 표출할 수 있는 기회를 갖지 못한 한계를 보여주고 있다. 그렇지만, 이 건물은 고도 진주의 역사성을 바탕으로 '전통'과 '현대'의 교묘한 결합을 통하여 토착적 건축의 지평을 열었다고 볼 수 있다.

〈경상남도문화예술회관〉

경상남도문화예술회관은 중앙로타리에서 진주교를 건너 우회전하여 다리 밑으로 하여 진양교 방향으로 올라오면 남강변에 위치한 건물이 보인다. 진주역, 고속버스터미널에서 걸어서 15분 정도 소요되며, 시내버스는 121번 버스가 이곳에서 정차한다.

(필자 : 주우일)

"경(敬)"과 "의(義)", "필연성"과 "우연성"... 남명기념관

남명기념관은 경상대학교 내 기숙사영역으로 들어가는 초입의 낮은 구릉 위에 위치해 있다. 건물은 캠퍼스 내 독립적 영역을 구축하고 있는데, 캠퍼스 중심축에서 남동쪽을 바라보도록 하여 사선으로 틀어 독립성을 강조하고 있다. 이 건물로의 접근은 정면 중심에 보행로와 좌우측에 차량을 통하여 옥외주차장으로 연결하여 가능하도록 하였다. 그리고 이 건물의 주진입은 명목상 가운데 설치된 보행로이나, 실제적으로 좌측의 주차장에서 타원형의 남명홀과 교육관의 틈으로 열려진 공간이 주로 이용되고 있다. 반대편의 우측에는 대형주차장과 지그재그 경사로가 2층 중정마당으로 올라가는 진입로가 설치되어 있으나 이용은 되지 않고 있다. 이 건물에서 눈여겨볼 것은 남명 조식 선생의 "경(敬)"과 "의(義)" 사상을 공간테제로 관입과 움직임으로 해석하여 '정적'인 것과 '동적'인 것을 상호 매개로 다양한 '솔리드(Solid)'와 '보이드(Void)'에 사상적 투영체를 만들고자 한 건축의 생각들이다. 전체적으로 정방형의 매스에 타원형과 장방형을 투입시키고, 보행동선의 긴 축선을 이 매개에 상호 관입시킴으로써 정적인 것을 동적 움직임으로 하는 공간적 미학을 보여주고 있다.

그리고 남명기념관의 건립과정을 살펴보면, '남명학관 건립추진위원회'가 조직되고 경상대학교 고성룡 교수가 건축프로그램을 작성하였으며, 설계는 우경국 건축사가 맡아 1996년 11월에 공사가 착공되었으나, 공사비 부족으로 2차례 공사가 중단되는 시련 끝에 남명 조식 선생 탄생 500주년인 2001년 11월에 준공되었다. 외장재료는 전체적으로 노출콘크리트판이 사용되었고, 남명홀만 아연판이 적용되어 이질적 요소를

"

남명기념관의 전경

주출입구에서 바라본 모습

상호 투영시켜 기능적 분리를 분명하게 보여주는 요소인 동시에 노출콘크리트판의 적막함을 아연판의 활기로 받아줌으로써 이중적 코드로 사용되었다. 또한 부분적으로 유리블록과 칼라유리를 사용함으로써 큰 매스에서 오는 둔탁함을 투명한 요소로 적용시켜 단조로움을 피하고, '열려진 공간'과 '닫혀진 공간'의 매개적 수단으로 사용하고 있다.

이 건물의 공간구성은 가운데 중정마당을 중심으로 3개 영역으로 나눌 수 있는데, 정면의 강의실, 세미나실, 연구실 중심의 긴 장방형의 영역과 이 공간의 우측에 직교시켜 놓은 도서관, 한적자료실로 구성된 긴 장방형 영역, 마지막으로 두 교차하는 좌측에 타원형의 남명홀 영역이 있다. 이 공간들을 살펴보면, 우선 좌측 주차장에서 긴장방형의 타원형 남명홀 사

| 남명홀로 올라가는 옥외계단 |

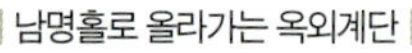

이 틈으로 난 주출입구를 따라 들어오면, 강의실, 소강의실, 세미나실, 회의실 등이 전면에 위치하며, 타원형의 남명홀 좌측으로는 준비실로 통하는 계단이 놓여 있다. 그 우측에는 2층의 중정마당으로 올라가는 타원형의 남명홀 벽면과 직벽 사이로 난 계단이 있는데, 그 상부의 프레임사이로 태양광이 직벽에 부딪치는 것이 인상적이다. 2층 중정마당은 가벽과 뚫린 픽쳐프레임으로 영역을 구축하여 전면의 연회실과 좌우측 남명홀과 도서관을 어우르는 열려진 공간으로 되어 있다. 또한 좌측 경사로와 옥외계단 등의 다양한 연결통로를 집결시켜 놓음으로써 집·분산의 중심영역임을 강조하고 있다.

이 건물의 의장적 특징은 정방형과 타원형의 이중적 코드에 따라 노출콘크리트판과 아연판의 이질적 재료를 사용함으로

써 이원적 대결구도로 구성되어 있다. 이러한 바탕에는 인식과 구축의 대칭적 관계성에서 남명 조식 선생의 "경(敬)"과 "의(義)" 사상의 형상화와 그의 사상적 기반이 되는 장소성에서 입면을 구성하고자 하는 우경국의 건축미학이 깔려 있다. 우경국의 저서인 "우경국 건축이야기"에서 이에 대한 건축적 실천방향을 엿볼 수 있는데, '관계'와 '흐름'을 통하여 오브제를 연결시켜 구성하고자 하는 그의 건축관이 잘 반영되어 있다. 즉, 남명 조식 선생의 마음과 몸가짐의 문제로 사물을 올바르게 인식할 수 있는 것과 교리의 실천적 장소성에 대한 통합적 근원을 보여 주고자 하였다. 중정마당에서 보여주는 빈 공간은 "경(敬)"과 "의(義)"에 대한 사유의 공간으로 출발하여 인간사의 변화무쌍한 항로를 틈과 계단, 빛, 가벽, 픽쳐프레임 등을 상호 유기적으로 연결시킴으로써 캠퍼스 내에서 규모는 작지만 랜드마크(Landmark)로서 그 위상을 보여주고 있다. 아무튼, 이 건물은 단순한 오브제를 상호 대립적 차원에서 설정한 것이 아니라, '관계'와 '흐름'에서 '필연성'과 '우연성'을 오브제에 관입시켜 남명 조식 선생의 사상을 형이상학적 장소로 보여주고자 하는 의도성을 갖고 있다.

〈남명기념관〉

남명기념관은 경상대학교 가좌캠퍼스 내에 있으며, 시외버스는 개양사거리에서 내려 캠퍼스 후문까지 걸어서 10분 정도 소요되며, 또한 진주시내에서 가좌동 방면의 시내버스를 이용하면 편리하다. 그리고 정문에 설치된 대학캠퍼스지도에서 건물을 확인한 후 걸어서 5분 정도 소요된다.

(필자 : 주우일)

시간여행 속의 잔상... 진양호전망대

진양호전망대는 진양호공원 내 365계단과 연결된 정상부에 위치해 있다. 건물의 배치는 지형에 따라 수변을 잘 조망할 수 있도록 타원형으로 배치되어 있으며, 도로입구에 진입 잔디광장을 두고, 관람객이 자연스럽게 유입될 수 있도록 '옥외계단'과 이동전망통로인 경사로를 두어 옥상전망대와 전망데크로의 진입과 함께 돌아나올 수 있는 순환체계를 가지고 있다. 옥상전망대는 휴게실 2층 옥상을 이용하여 설치하였으며, 전망데크는 장방형으로 1층에 설치되어 있다. 또한 이동전망통로와 여러 켜를 수직으로 배치하여, 이동하면서 다양한 시각점을 통하여 변화무쌍한 진양호 수변을 관망할 수 있도록 배

19

려하였다. 그리고 진양호 조망을 위하여 타원의 스크린 벽면을 경계로 하여 큰 원통형의 휴게실과 작은 원통형 2개의 남녀화장실을 이 전망대 중심에 배치함으로 대지의 기능을 분리하였고, 또한 휴게실과 화장실을 중심에 배치함으로 스크린 벽면의 가벼움을 중후하면서도 안정감 있게 무게중심을 두었고, 그 사이로 별도의 계단과 데크를 설치하여 관람자의 편의성을 도모하였다.

이 진양호전망대가 있는 대지에는 원래 전통한식건물인 팔각정이 있었는데, 이 팔각정만으로는 아름다운 진양호를 전체적으로 조망할 수 없었고, 또한 진양호를 상징하는 상징물로

| 경사로에서 바라본 진양호 |

| 옥상전망대로 올라가는 경사로 |

서의 역할을 할 수 없다고 판단한 진주시 진양호공원사업소에서는 365계단과 연계한 1~2층의 전망대 계획을 수립하였다. 그리고 이 요구안을 받아 김상부 건축사가 전망대 디자인에 대한 제안을 수행하였는데, 초기에는 진양호공원사업소에서 요구한 간단한 전망대로 출발하였으나, 이 부지가 가지는 '장소성'과 '상징성'을 고려하여 시관계자와 지속적으로 협의하고 설득하는 과정을 거쳐 진주 8경의 하나인 '진양호 노을' 등을 감상할 수 있는 상징적 공간으로 만들기로 약속하였다. 이 당시 디자인의 컨셉은 진주성의 이미지를 여러 켜와 타원형의 매

스로 수평이동을 통한 전망통로를 만들고, 여기에 수직이동을 위한 전망엘리베이트 등을 설치하여 다양한 전망을 체험할 수 있도록 제안서를 제출하였다. 하지만, 당초 제안서에 포함된 전망엘리베이트는 예산 및 시공상의 문제 등으로 제외되었다. 또한 벽면을 노출콘크리트로 시공하고, 그 양쪽 매스에 등나무를 심어 자연적 미를 최대한 살리려고 하였으나, 현재와 같이 외벽을 흰색의 본타일로 마감되어 당초 설계의도가 반영되지 못하였다고 한다. 더 나아가 현재 잔디광장도 원래는 다목적 야외무대를 설치하여 전망대와 일체감을 가질 수 있도록 하였으나, 이 또한 예산상의 문제로 제외되었다고 한다. 그리고 이 전망대의 공간구성은 진주성의 성벽을 타원형으로 둘러치고 그 중심부에 벽면을 경계로 하여 수변의 전면에는 휴게실을 설치하였고, 그 반대편에는 화장실을 설치하였다. 휴게실과 화장실은 모두 원형의 평면을 유지하고 있으며, 매스의 단조로움을 피하기 위하여 큰 원과 작은 원을 완충데크를 통하여 상호 결합시켜 기능성과 조형성을 동시에 고려하였다. 그리고 전망이동통로인 경사로로 올라가면서 옮겨지는 시점을 통하여 진양호의 아름다운 풍광을 시간의 연속성에서 잔상으로 남아서 클라이막스를 전망대에서 펼쳐볼 수 있도록 하였다.

 이 전망대의 의장적 특징은 기본적으로 수직의 스크린 벽면을 분절시켜 타원형으로 둘러치고, 이 타원의 '수직적 선 요소'를 전망대 기능에 맞추어 전망데크, 전망대, 이동통로 등의 '수평적 면 요소'를 추가하여 진양호의 랜드마크(Landmark)로 연출하였다. 특히, 타원형의 벽면은 진주의 상징인 진주성 성벽과 같은 육중함과 그 상부에 총과 활을 쏘기 위하여 분절시켜 놓는 여장의 이미지를 극대화시켜 분절된 틈사이로 보여지는 진양호의 자연풍광을 끌어들이고자 하였다. 정상부에는 지붕 막구조를 설치함으로써 선과 면의 조합에서 오는 단조로움을 피하고, 콘크리트면에서 오는 둔탁함을 상쇄시키기 위하여 수변 공간과 어우러져 상승적 효과를 기하였다.

〈진양호전망대〉

진양호전망대는 남강댐이 있는 진양호공원 내에 있으며, 통영 대전간 고속도로에서 서진주 IC로 들어오면 곧바로 진양호 방향으로 좌회전하여, 이정표를 따라 진양호의 아시아레이크사이드후텔이 있는 곳으로 올라오면 정상부에 있다. 내숭교통은 진주시내에서 진양호방향 시내버스가 많으며 편리하다.

(필자 : 주우일)

원초적 본능으로 나타난 시원성... 진주청동기문화박물관

진주청동기문화박물관은 진양호를 따라 대평면 수변 근처에 위치해 있다. 건물의 배치는 수변의 유선형을 따르는 형태로 진양호와 근접하게 배치되어 있으며, 도로입구에 진입광장을 두고 출입구까지 열주진입 및 경사로 되어 있다. 도로를 경계로 좌측은 수변휴식공간으로 설정되어 있으며, 우측으로는 박물관 및 선사체험공간을 배치하여 대지의 기능을 분리하고 있다. 외부공간은 크게 '진입광장', '열주 진입로', '선사유적체험공간', '수변휴식공간' 등으로 구분되는데, 대지의 전면에 위치한 진입광장, 열주진입로는 보행자와 차량을 분리하며, 박물관으로의 진입을 유도하고 대지 전체의 조망을 유도하고 있다. 선사유적체험공간은 수변공간을 따라 청동기시대의 주거지를 재현해 놓았는데, 내부관람이 끝난 관람자를 자연스럽게 유입시키고 있고, 또한 수변휴식공간은 좌측보행로를 통해 진입하며 대평교 하부 언더브릿지(Under Bridge)와 연결되어 박물관대지의 수변산책로로 자연스럽게 유도되고 있다.

진주청동기문화박물관은 원래 "남강선사유적박물관" 건립을 목표로 시작된 프로젝트이다. 대평리유적에 나온 청동기시대 유물자료를 위주로 하여 선사시대 진주지역 옛 조상들의 삶을 조명해 볼 수 있도록 전시, 연구, 체험학습 등의 프로그램으로 기획되었다. 2004년에 진행된 설계경기에서 옛터건축사사무소와 가와건축사사무소의 공동 설계안이 채택되어, 2006년 12월에 건물이 준공되었고 2009년 6월에 박물관으로 오픈하여 오늘에 이르고 있다. 외장재료로 동판거멀접기와, 노출콘크리트, 칼라복층유리등을 사용하여 현대적 재료미를 수변공간에 맞추었다. 또한 매스를 대지에 순응하여 자연

진주청동기문화박물관 전경(위), 주출입구에서 바라본 정면(아래)

스럽게 배치하였는데 이를 통해 진주지역의 선사문화에 대한 시원성과 함께 원초적 근원성을 추구하는 모습을 공간적으로 구현하고자 하였다.

박물관로비를 중심으로 1층에는 종합안내센터, 입체영상관, 휴게공간을 우측에 두고 좌측에는 학예연구실, 수장고, 기계실 등 기능적으로 분리하여 이용객의 편의를 도모하고 있다. 2층은 연구실(학예실), 세미나실 등 관리사무영역과 상설전시장을 두고 있다. 또한 체험영역으로는 체험전시공간 등을 옥외휴식공간 및 야외전시공간으로 나가는 영역에 두었으며, 가변전시실, 전시홀을 상설전시장과 휴게영역 중간에 놓아 두 공간을 매개하는 완충공간으로 설계하였다. 그리고 1층과 2층으로 올라가는 계단실은 이용객이 투명한 유리를 통해 진양호의 수변공간을 관망하면서 올라갈 수 있도록 배려하였으며, 또한 2층의 분절된 1층의 옥상부분을 옥외전시장으로 두어 진양호 수변공간과 전시를 아우르는 영역으로 두었다. 그리고 야외전시장에는 말각방형움집 1채, 세장방형움집 1채, 장방형움집 1채, 고상창고 1채, 목책 173m, 무덤군(지석묘 이전복원), 밭연출 1지역, 포토존 – 토기조형물(대형 가지문토기), 인물모형(영상 캐릭터) 등 청동기 시대상을 엿볼 수 있는 주거지 중심으로 꾸며 놓았다.

그리고 이 박물관의 평면배치는 가상의 원형의 시간흐름에서 청동기라는 순간적 시간이 멈추어지는 시점에 놓음으로써 고인돌의 형상을 변형하여 타원형으로 발전시켜 배치하였다. 진입부 역시 기억된 부분의 허를 찌르듯 사선으로 처리하고 자연스럽게 시간의 기억 속으로 빨려 들어오도록 유도하여 연결고리를 만들고 있다. 그리고 단순한 오브제를 굴곡, 분절,

진양호 산책길에서 바라본 야경

삭제, 첨가 등의 요소를 적용하여 박물관으로서 기능과 주변의 풍광을 내부로 끌어들이고자 유기적으로 순절시키고 있다.

이 박물관의 의장적 특징은 기본적으로 고인돌에서 보여지는 원초적인 이미지를 가져와 박물관의 기능에 맞추어 '타원형으로 변형', '전이공간의 결합', '수변공간 조망을 위한 매스의 삭제' 등을 통하여 수변공간과 어우러지는 랜드마크(Landmark)로 연출하였다. 특히, 정면 상부(2층) 매스는 하이테크롤지의 현대성과 하부 매스의 노출콘크리트는 상부 매스를 가볍게 받치고 땅에서부터 자연스럽게 생성된 듯한 비정형의 매스로 과거성의 시계열적 토대를 보여주고 있다. 정면우측의 필로티공

| 2층으로 올라가는 계단에서 바라본 진양호 |

간은 외부체험공간과 연계된 휴식공간으로 관람자의 편의를 도모하면서 주변 풍광을 끌어들이는 액자효과를 유도하고 있다. 한편, 최삼영 건축가가 보여주고자 했던 최초의 이미지인 고인돌의 형상은 사리지고 궤변적 현대 이미지만 남게 되는 아이러니가 연출되고 있으나, 공간의 흡입력은 매우 탁월한 선택을 통하여 과거의 고리를 찾아보고자 노력한 흔적이 포착되며, 박물관으로서의 역할과 진양호의 수려한 수변 풍관을 즐길 수 있는 휴게기능을 유효적절하게 조합함으로써 현대적 조형성과 과거의 맥락성을 조화롭게 연출하였다고 볼 수 있다.

〈진주청동기문화박물관〉

진주청동기문화박물관은 통영 대전간 고속도로에서 단성IC로 들어와 진주시 대평면방향으로 이정표를 따라 진양호로 올라오면 건물이 보이며, 대중교통은 진주시에서 시내버스 11번이 이곳에서 정차한다.

(필자 : 주우일)

전통미의 구현... 국립진주박물관

　　진주 남강변의 진주성 경내에 자리잡고 있는 이 박물관은 당초 가야문화의 유물을 특별히 전시하는 특별전시실을 따로 갖추고 있는 박물관이기도 하였다. 그러나 현재에는 임진왜란 관련 역사자료를 중점적으로 전시하는 박물관 역할을 하고 있다. 설계당시 새로운 건물이 들어서면서 기존의 진주성 경관이 파괴되지 않고 그대로 보존될 수 있도록 하는 것이 박물관 계획의 중요한 과제였다. 따라서 시설의 배치에 있어서도 진주성 내의 남측과 북측의 접근동선을 확보할 수 있는 구릉사이의 낮은 위치를 고려하였다. 이에 박물관은 전면부에 상징적으로 게이트 역할을 하는 문주형식의 영역설정을 하였으며, 그 안쪽에 마당과 같은 역할의 광장을 배치시켰다. 관람자들은 전면부의 마당을 통하여 주현관으로 진입하게 된다. 그러나 서비스차량은 북측의 접근동선을 따라 별도의 서비스출입구로 접근할 수 있도록 되어 있다. 부분적으로 대지의 경사

기존의 진주성 경관과 점근동선을 고려하여 구릉사이의 낮은 위치에 자리하게 된 진주박물관의 전경

진 조건을 활용하여 휴게공간이나 이벤트공간에 직접 외부로 출입할 수 있는 동선을 별도로 확보하고 있다. 게이트 아래쪽 에는 지형의 레벨차를 이용한 자연스러운 객석과 무대를 배치 하여 다양한 야외활동에 이용할 수 있도록 하고 있다.

박물관 앞마당에 상징적으로 게이트 역할을 하도록 설정된 문주형식의 가벽으로 영역설정
진주성 내 구릉의 자연지형에 어우러지게 설치된 야외공연장의 객석

박물관의 내부는 지하 1층, 지상 2층으로 구성되어 있다. 1, 2층의 중심부에는 전시공간을 배치하고, 1층은 특별전시실, 기획전시실, 상설전시실, 3D입체영상실, 체험학습실 등으로 구성되어 있으며, 2층은 상설전시실이 배치되어 있다. 사무동은 전시동의 후면부에 배치되어 있으며, 관람객들을 위한 식당공간도 별동으로 구성되어 있다. 특히 일반 관람자들에게 개방되는 전시공간의 구성은 1층의 특별전시장과 상설전시장과 2층의 상설전시장 등으로 구분되어 있으며, 전체전시공간은 수직이동 동선과 융화된 형태로 연결되어 있다. 1층과 2층의 전시물 관람동선의 원활한 연계를 위해서 전시실간의 층간이동을 위한 부분을 계단으로 하지 않고 경사로로 하여 관람자의 시선과 움직임의 변화에 있어서 점진적인 변화를 유도할 수 있도록 처리하였다. 또한 이동공간과 전시공간의 사이에는 특별한 장치를 하지 않아 개방적인 분위기의 전시실을 구성하고 있다. 전시실과 전시실의 사이를 벽으로 구분하지 않고 오히려 수직이동을 유도하는 경사로를 오픈하여 중심부에 배치함으로써 전시실 사이의 중심부가 수직적으로 개방되는 대형공간이 도출됨으로써 박물관 내부 전체가 비교적 환하게 느껴지게 하고 있다. 중심부분의 상부에서 채광을 연출함으로써 그 구심성은 더욱 강화되는 효과를 보여준다.

박물관의 전체적인 조형은 일반적인 전통건축에서 나타나는 지붕선, 처마선 등의 중첩으로 드러나는 아름다움을 보여주고 있다. 무엇보다도 본 건축물의 기능이 전시기능을 수행해야 하며 규모면에서 전통건축물의 소박한 규모를 넘어서는 대규모로 구성되는 조형적 처리의 어려움을 사찰이나 궁궐건

박물관의 전체적인 조형은 일반적인 전통건축에서 나타나는 지붕선, 처마선 등의 중첩으로 드러나는 아름다움을 보여주고 있으며, 휴게공간과 외부정원의 연계에서도 전통건축의 아름다움을 엿볼 수 있다.

전시실과 전시실의 사이를 벽으로 구분하지 않고, 수직이동을 유도하는 경사로를 오픈하여 전체적으로 개방적으로 느끼게 하였다.

철근콘크리트구조의 뼈대부분을 그대로 노출시켜 구조미를 맛볼 수 있도록 하고 있는 전시실의 모습

축과 같은 대규모의 전통 건축물군이 표출하는 외형의 중첩원리를 이용하여 해결하고 있다. 이로 인하여 단위면적이나 실제 사이즈가 큰 지붕면을 비교적 휴먼스케일로 인식할 수 있도록 처리하고 있다. 무엇보다도 안정된 느낌의 외관이미지는 정면에서는 좌우 대칭적 디자인 원리하에 부분적으로 변화를 추구한 결과로 여겨진다.

외형의 이미지 구축에 있어서 벽면은 전통의 흰색으로 처리하고 지붕부분은 기와를 얹어 안정적인 색조를 연출하고 있다. 내부공간에서 경사로가 위치한 중심부의 상부가 외관에 있어서도 가장 높은 옥탑 역할을 하도록 디자인되었으며, 이를 중심으로 전체적인 조형이나 스카이라인이 안정감을 이루며 점진적으로 낮아지는 부드러운 처리가 되어 있다.

전시공간의 중심을 차지하는 경사로의 상부주변에서는 철근콘크리트구조의 뼈대부분을 그대로 노출시켜 구조미를 맛볼 수 있도록 하고 있다.

〈국립진주박물관〉

진주시내 중심부에 위치하며, 남강변의 진주성 내에 위치하고 있다. 박물관이 진주성 내에 위치하고 있어서 성 밖에서는 전혀 볼 수 없으며, 승용차를 이용한 방문시에는 진주성 북측에 위치하고 있는 공북문 입구 주차장을 이용하는 것이 가장 편리하다.

(필자 : 양금석)

시청사의 현대적 기능과 역사도시의 맥락을 충실히 승화... 진주시청사

진주시청사는 대지의 남측에 연접해 있는 25미터 폭의 동진로에 평행하는 형태로 행정동과 의회동을 배치하였다. 행정동의 서측부에는 8미터 폭의 대신로가 동서축으로 달리고 있으며 차량의 주진입은 대신로로부터 이루어지고 있다. 시민들의 일반적인 접근은 남측의 동진로 측에서 이루어지고 있으며, 행정동과 의회동의 남측부분에는 광장을 설정, 진입축으로 하여 행정동과 의회동의 동선을 구분하도록 하여 독자적인 영역성을 부여하도록 하였으며, 전면공간을 공원화하여 대지 내 시민광장과 연계하여 시민들이 자유롭게 이용할 수 있는

청사 정면부는 진주성 성곽의 디자인요소를 이용하여 시민들을 받아들이는 형태로 적용한 가벽을 설치하고, 정면 출입구의 차량동선과 보행자동선은 분리하였다.

공간으로 구성하였다.

　대지의 전면부는 오픈광장으로 형성되도록 하고, 후면부는 주차공간으로 하여 행정동을 중심으로 전면과 후면의 성격을 명확하게 규정짓게 하고 있다. 시청사 전면의 광장에 대한 장소성의 확립 및 기념비적인 이미지로 시민공간에 대한 명확한 인지성을 확보하고, 보차분리를 명확히 하여 시민들에 대한 접근성과 개방성을 높이도록 하였다. 이후 시청의 성장과 변화에 능률적으로 대처 가능한 융통성 또한 중요하게 고려되었다.

　시청사와 시의회 기능을 수용한 복합적인 건축을 단일건물

시청 전면부 광장의 화단은 시민들의 휴식을 위한 벤치와 수목 화초보호를 경계석 기능을 고려하였다.

의 이미지로 인식되도록 건축물의 전·후면의 외부에 통일된 질서와 성격을 부여하는 진주성의 성벽을 연상하게 하는 가벽 이미지를 도입하였다. 전체건물의 볼륨 분할은 주요 민원 봉사공간을 담고 있는 저층부, 행정업무를 수행하는 사무공간을 수용하는 고층부, 그리고 시의회의 원통형 건물 등 세 가지 볼륨 요소로 구성하였다. 각각의 볼륨은 그 기능의 명확함을 표현하기 위해 기단, 육면체, 원통형의 대조적인 형태를 취하였다. 특히, 입면은 진주시의 역사적인 표상으로 진주성과 촉석루의 이미지를 도입하여 휘어진 성벽으로 강한 정면성과 방문

| 세무행정서비스의 원스톱서비스가 가능하게 하기 위한 종합 민원실의 구성 |

객에 대한 포용성을 강조하였다. 각각의 요소들과 개구부들이 이루는 명쾌한 분절과 깨끗한 이미지는 공명정대하고 친절한 지방자치 행정부를 상징하도록 하였다. 전체적으로는 커튼월 식으로 하여 외부마감재는 화강석 일부 혹두기로 마감하였으며, 남측면에 조성된 광장과 행정동과 의회동 사이의 저층부에는 외벽을 통하여 진주성 이미지를 느낄 수 있는 디자인요소로 처리하여 통일된 의미를 더욱 강하게 느낄 수 있다. 또한 고층부는 저층부와는 달리 남측 부분에서 셋백시킴으로써 광장부분에서의 갑갑한 느낌을 다소나마 줄일 수 있도록 하였으며,

의회동 대회의실 돔천정의 전경

행정동의 고층부는 사각형 형태로 적층시킴으로써 화강석 마감에 따라 외부로 표출하는 이미지는 안정적인 이미지를 보여주고 있다. 행정동에서는 컬러유리 커튼월과 화강석 마감 벽면을 병치하고, 계절별 일사량에 따른 개구부의 패턴이 개성적으로 변하도록 하여 통일감과 변화감을 강조하였다. 또한 유지관리에 경제적이도록 자연채광을 최대한 도입하고 적정 층고의 확보로 공간감 및 장래 설비계획을 고려하였다.

〈진주시청사〉
남해고속도로에 동진주IC 또는 진주IC를 이용하여 공단로타리, 교육청사거리를 지나 동진로를 타고 진양교 방향으로 350m 정도 직행하면 시청에 도달한다.

(필자 : 양금석)

도시, 가로, 건축, 공공성이 고루 배려된 결정체... 바른병원

본 프로젝트의 대상 부지는 진주에서도 중소형의원, 대형병원들이 밀집해 있는 칠암동에 위치해 있다. 계획대지의 주변에 의료시설이 밀집해 있는 이유 중의 하나는 진주라는 도시가 인근 읍, 면 단위 지역의 환자들이 인근 중소도시로 왕래하는 데 있어서 거리상 분포도가 넓은 지역의 중심에 있는 지정학적 위치 때문이다. 정방형의 대지는 일반상업지역으로서 25미터 전면도로에 30여 도 기울어져 동측으로 진주산업대학교, 북측후면으로 교보생명사옥 주차장과 연접하고 있다. 남측 전면도로 측으로 대지의 단변이 면하여 있는데다 전체 대지면적 380여 평 중 50여 평은 근린생활시설용도로 가로변에 면하게 별도로 분할해야 하는 조건하에 전면 도로에 대응하여 어떻게 하면 병원의 정면성을 확보하고 도로와의 생동적 관계를 설정할 수 있을까 하는 점들이 시설배치에 있어서 중요한 과제였다.

제한된 법적 한도의 면적 내에서 요구되는 기능들을 층별로 합리적으로 조닝하였으며, 특히 50여 평의 대지를 분할하여 계획한 근린생활시설에는 약국과 소규모 의원들이 입점할 수 있도록 법적·기능적으로 병원과 분리하였지만, 형태적 공간적으로는 병원부분의 기능과 유기적으로 결합되도록 하였다.

설계자는 도시공간을 구축해 나가는 데 있어서 도시, 가로, 건축, 공공성,이 요소들 간에 관계를 어떻게 할 것인가라는 문제들에 항상 관심을 가지고 작업을 해오면서 이 땅이 가진 잠재력을 극대화시킬 수 있는 방안을 모색하였는데 전면가로 측으로 공간을 비우면서 병원 방문객들과 보행자들의 다양한 행위를 담고 여러 가지 이벤트들이 생성될 수 있도록 앞마당을

가로에 면한 부분은 가로경관의 축을 배려하고 후면부의 주건물은 대지의 축을 살려서 배치하였으며, 노
출콘크리트와 여 전경

설정하였다. 병원의 주된 형태는 후면부로 대지를 최대한 점유하면서 대지형태에 따르게 하고 전면 근린생활시설은 대문역할을 하는 유리벽과 연속된 형태로 전면의 도시가로축에 맞추어 보행가로에 활력을 주고 보행자들로 하여금 인지성과 정면성을 확보할 수 있도록 고려되었다.

앞마당을 거쳐 중앙로비는 중간층 느낌의 이층으로 계단과 에스컬레이터로 오르게 하고 주차장 바닥레벨을 층고의 3분의 1 정도 낮게 해서 지하층의 환기, 자연채광 문제 등을 극복하였고, 아울러 중앙홀, 로비와 진료실 등도 자연채광과 조망 등의 환경조건을 개선할 수 있는 효과를 가져올 수 있었다. 2층 주출입구에 다다르면 좌우로 휴게공간으로 내부공간과 연속되어 앞마당을 내려다볼 수 있는 매개공간으로서 데크 정원을 비워두었다.

내부 중앙 홀 로비에 다다르면, 상층 중앙부분을 오픈시켜 내부공간에 개방감과 활력을 줄 수 있도록 하였다. 병동부분은 중앙의 너스스테이션을 중심으로 복도동선을 순환형으로 구성하여 재활환자들의 운동공간으로도 기능할 수 있도록 하고, 남북방향의 복도 창가로는 소규모 휴게공간을 마련하여 외부조망, 자연환기가 원활하도록 하였다. 최상층의 다목적 직원식당은 외부데크와 옥상정원으로 연속되게 하여 직원들의 독립된 휴식, 복지, 문화 공간 등으로 활용될 수 있도록 하였다.

전면도로에 접한 대지로서 전면폭에 비하여 안깊이가 있는 대지조건으로 지하주차공간 진입동선과 상층부의 외래이용자 동선은 건물전면부에서 확실하게 구분하고 있다.

외래진료실의 대기공간으로 소규모단위로 구분하여 비교적 안정적인 분위기를 유지할 수 있도록 배려되었다.

환자들의 휴식과 리헤빌리테이션 장소로 이용할 수 있도록 계획된 옥상으로 주변을 조망할 수 있다.

외벽 마감재료는 견고한 이미지로부터 소프트한 느낌으로 분절하여 구분하였다. 계단 및 엘리베이터 등의 코어부분은 노출콘크리트로 뼈와 관련된 느낌으로 강인하게 표현하여 모뉴멘트의 역할을 할 수 있도록 하고, 주요시설부분은 금속과 유리를 사용하여 현대적 이미지를 부여하였다. 또한 서로 상호 중첩 및 관입되는 중간의 결절부위에는 보다 부드러운 목재루버 등의 소프트한 재료를 사용하여 의료시설에서 요구되는 따뜻함을 느낄 수 있도록 한 점이 두드러졌다.

부분적으로 다소 거칠고 과도한 디테일이 나타나기는 하지만, 실내공간에서의 창호시스템, 재료들의 간격스케일, 바닥재료 패턴 등은 비교적 적절하게 디자인되었다.

무엇보다도 본 프로젝트는 기존의 도시공간에 대해 폐쇄적이고 친근감이 부족한 병원건축들의 일상적 이미지에서 벗어나 도시가로에서 보이는 바른병원과 병실과 진료실에서 보이

| 노출콘크리트와 유리, 철재의 조합이 변화있게 보여지는 동측 모습 |

는 도시풍경을 생각하면서 보다 개방적이고 공공성이 녹아든 열린병원을 만들자고 한 설계자의 노력의 흔적을 엿볼 수 있는 작품이다.

〈바른병원〉

진주시내에서 진주대로와 동진로가 만나는 교차로를 중심으로 하는 인근에 서측으로 진주역, 동측에 경남과학기술대학교를 가까이 하고 있다. 특히 맞은편에 고려병원이 있으며, 서측에는 교보빌딩이 위치하고 있어서 대로변에서 이 빌딩을 기준삼아 접근하기 쉽다.

(필자 : 양금석)

48

갑을가든은 남강변 아름다운 성벽이 건너다보이는 1,200여 평의 넉넉한 부지에 위치하고 있다. 대지의 조건은 동측으로 남강의 흐름과 같이하는 강변도로에 접하고 있으며, 서측으로는 이면도로가 접하고 있어서 대지접근에 대한 다양한 성격의 동선처리에 좋은 조건이다. 또한 남강변에 위치한 상태로 대지의 일부가 완만히 솟아올라 있어서 계획건물이나 대지 내에서 강변의 경관을 바라볼 수 있도록 하는 데에는 특별히 극복해야 할 장애요소가 없는 양호한 조건의 대지이다.

건물과 도로 사이는 도로소음과 내부공간과의 관계를 고려하여 버프 존으로서의 기능과 오픈공간으로서의 외부활동을 전개할 수 있도록 정원을 조성하였다.

49

비교적 넓고, 주변에 대해 열린 조건은 중심성을 가지기 어렵다는 점을 주목하여 도로에 평행한 형태로 건물은 배치하고, 서측후면부에는 서비스 공간인 주차장을 배치하고 건물과 도로 사이는 도로소음과 내부공간과의 관계를 고려하여 완충공간으로서의 기능과 오픈공간으로서의 외부활동을 전개할 수 있도록 정원을 조성하였다.

남강의 흐름을 조망하기 좋은 대지의 중심부에 전체공간의 중심이 되는 중정을 두고 경사진 사면에 순수 내부공간을 배치하였다. 주홀과 전면부의 연회석 양측에서 남강을 조망할 수 있도록 하고, 진입시 건물의 깊이감을 부여해 주기 위하여 남강에 면한 동측 전면부는 필로티로 처리하여 중정에서 남강까지 열린공간으로 이어주고, 서측부분에 배치한 주홀도 개방적인 공간으로 구성하여 중정과 연계하고 있다.

　　본 건물은 커튼월이 있는 건물 외주부와 중정에 접한 중정부의 벽, 그리고 중정, 현관, 홀로 이어지는 진입과정은 일련의 진입프로세스를 제공한다. 설계자는 그것은 단순히 건물에 들어오는 기능뿐 아니라 '점입가경'이라는 말의 뜻과 같이 몇 개의 단계를 거쳐 목표물에 도입해가는 의미있는 유도행위라고 판단하였다. 또한, 그 의미 있음은 주홀의 이용자들이 테이

중정으로부터 채광이 이루어지고 있는 후면부의 식사실 모습

건물의 중심부에 설치된 중정은 주변부의 연회공간에 사계절의 변화를 제공하고 있으며 친환경적 요소로서 역할이 충실히 이루어지고 있다.

블에 착석하였을 때, 필로티 사이로 남강 쪽이 보임으로써 놀라움으로 연결될 것이고, 그 놀라움의 경험은 1, 2층 개구부와 중정을 중심으로 한 복도의 연결로 인해 건물 전체 곳곳으로 퍼져 나가게 될 것을 기대하였다.

이러한 기대가 실현될 수 있도록 일반 출입구는 남측부와 주차장으로부터 출입하는 서측출입구를 설정하였으며, 남측의 출입구는 정원으로 통하여 진입하게 되고, 서측의 출입구는 깊이감을 느끼도록 설치한 진입공간으로 통하여 접근하면서 남강쪽으로 바라볼 수 있게 처리하였다. 층별 실구성에 있어서 1층은 많은 이용자들이 사용하며 활동적으로 사용하는 것을 고려하였으며, 2층에는 연회나 소규모로 이용하는 것으로 영역을 설정하여 이용효율을 높이도록 하고, 건물의 주된

| 노 · 콘크리트와 담쟁이덩쿨과 디테일이 어우러진 외관 |

성격과 다른 예식공간은 3층에 두어 열린 남강변의 개방적인 분위기를 느낄 수 있게 하였다. 전체의 실구성은 1층에는 주홀과 필로티의 휴게공간, 주방 등으로 구성되고, 2층은 동측의 연회실부분과 서측의 소규모 식사실, 3층은 예식홀과 옥상정원으로 구성되어 있다. 따라서 본 건물에서의 제2의 기능인 예식부는 1층 진입시의 과정을 축소시켜 한 번 더 반복하였다. 내부계단을 통해 3층에서는 외부인 옥상정원으로 연결되고 있다. 옥상정원은 남강과 그 절벽의 절경을 "내 정원의 조경물"로 가져다주며, 통로가 아닌 외부 중심공간의 역할을 제공한다. 옥상정원의 건너편에 위치한 예식부 홀은 옥상정원을 중심으로 한 옥외활동을 도와주고 예식관련 활동들을 수용해주고 있다.

| 돌담과 포장석과 수목의 어울림 |

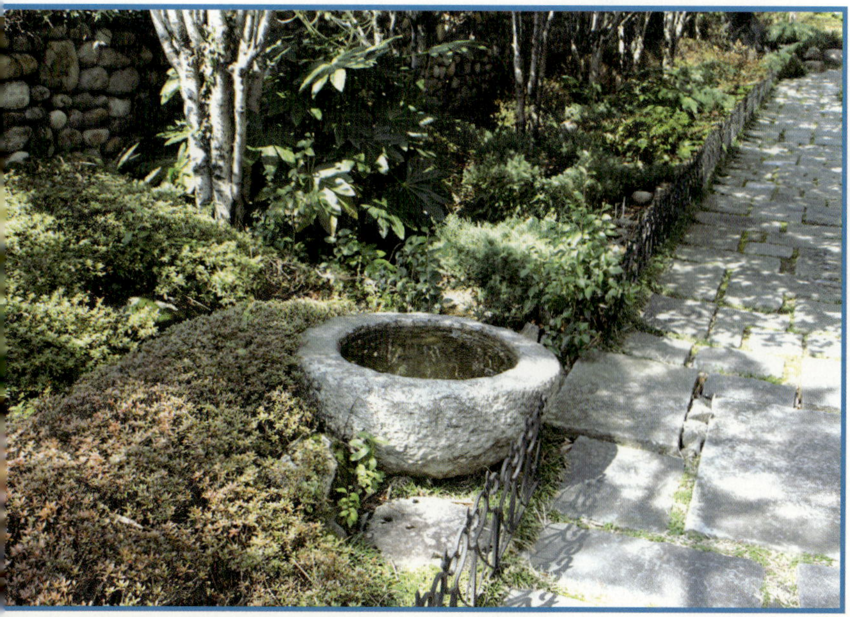

본 건물은 노출콘크리트를 주재료로 사용하여 단아하고 간결한 멋을 느낄 수 있다. 대지경계의 담장은 작은 호박돌로 처리하여 강변의 분위기를 더욱 살려주고 있으며, 건물부분의 노출콘크리트의 물성과 조화를 이룬다. 연회실 등의 기능을 하는 공간이 들어가 있는 부분은 남강의 조망을 즐길 수 있도록 커튼월로 처리하여 남강의 빛깔을 반복적으로 표현한 느낌이라 할 수 있다. 무엇보다도 수평적 흐름을 보여주고 있는 남강변의 가로경관에 단조로움을 극복할 수 있도록 큐빅에 변화를 부여한 형태와 부분적으로 강조된 난간처리의 디테일, 캐노피의 상세처리 등을 통하여 설계자가 노력한 흔적을 읽을 수 있다.

〈갑을가든〉
남강변에 위치하며, 진주시내의 진주역에서 진양호쪽으로 이동하면서 천수대교를 지나면 강 건너편 좌측에 위치하고 있다.

(필자 : 주우일)

상징성: 미래지향적 의료보건시설 이미지 구현... 하동군 보건소

하동군보건소 건축계획은 상징성(미래지향적 이미지를 표현하고, 집과 같이 친근한 내·외부 공간표현), 공공성(공공시설로서의 개방성을 표현하고, 지역주민을 위한 장소로서 쾌적함과 편리함을 제공), 기능성(진료·치료·업무 기능의 효율적인 공간구성 및 이용자들을 위한 안전한 공간 계획), 환경성(자연을 도입한 쾌적한 시설 및 친환경 설계의 적극적 반영), 경제성(유지·관리 및 보수의 용이성 고려 및 에너지절감 계획에 의한 경제성 도모 계획) 등이 기본방향으로 설정되었다.

하동군 보건소시설의 계획은 부지의 체계적인 이용과 효율성을 향상시킬 수 있는 방향으로 계획하고 인접하고 있는 하

| 공공시설로서의 개방성을 표현하고 미래지향적 이미지로 구현한 하동군 보건소 전경 |

동군청과의 연계를 고려하고 주민들이 편리하게 이용할 수 있
도록 접근성과 개방성을 가져야 하며, 공익성을 갖도록 하는
점에 주안점을 두고 계획되었다.

주변도시맥락의 흐름을 반영하기 위하여 하동군청과 군 의
회 건물의 축에 순응하여 주변 도시맥락의 흐름을 반영하고,
사각형 대지의 상태에서 도로에 접한 대지의 전면부는 오픈하
여 주민들의 접근과 다양한 활동에 제공할 수 있도록 하고, 대
지의 후면부에 보건소시설을 배치하여 인접한 공공시설들과

의 오픈공간의 연계성을 고려하였다. 또한 인접한 군청과 의회의 건물배치를 고려하여 공공시설군의 매스처리에 있어서도 주변의 환경을 고려하였다.

보건소 시설의 외부공간은 "길과 마당"의 개념을 도입하여 변화성 있게 구성하였으며, 진입로의 보차분리에 의한 진입의 편의성, 안전성 확보를 통해 군청·보건소 및 주차장과 연계하고 계획대지 내 서비스동선 확보를 통하여 주민들의 접근성과 시설 개방성의 극대화를 추구하였다.

특히, 보건소 우측(남측단부)에는 지역주민들에게 개방되는 건강 지압보도 공간을 설치하여 자율적으로 시설을 이용하면서 건강을 증진할 수 있도록 공간을 조성하여 주민들의 이용편의성을 높일 수 있도록 하였다.

보건소시설의 평면은 외부광장으로부터 연계되는 중앙 홀을 중심으로 좌우로 펼쳐지도록 기능을 설정하여 중복도형의 일자식으로 구성하였다. 보건소 기능의 중심인 1층의 경우 진찰실, 치과실, 구강보건실, 예방접종실, 결핵관리실, 한방실, 물리치료실, 정신보건센터 등으로 구성하고 있으며, 2층은 소장실, 보건사업과 사무실, 대회의실, 영양실습용 식당, 건강증진사업실 등으로 구성하여 보건소 이용자들의 속성을 고려,

이용효율을 고려하여 공간구성을 실현하였다. 더욱이 1층의 후면부에는 재가노인복지시설을 연계시켜 의료복지서비스의 효율적 대응이 가능한 기능적 공간으로 구성하였다.

> 하동군 보건소와 재가노인시설과의 복합화를 통한 시설이용과 의료복지서비스의 효율성 제고를 도호함.

특히, 이벤트마당 역할을 하는 진입광장과 연계된 2층 연결 데크 설치를 통하여 다양한 이용이 가능하게 하였으며, 다목적실의 경우는 가변성을 확보하고, 보건소 직원들의 휴게 공간 제공을 위한 옥상을 여유있게 조성하여 향후 옥상정원으로의 활용도 가능하게 하여 공공시설의 활용가치를 높일 수 있도록 고려하였다.

시설의 입면은 보건소의 이미지에 적합한 조형적인 언어와 소재의 사용으로 비교적 친근한 건물로 계획하여 건물 자체가 하동군의 상징물이 될 수 있도록 하였다. 목재, 유리 등의 자연 친화적인 재료를 사용함으로써 주변자연과의 조화를 이루도록 하였으며, 다양한 개구부의 전면에 목재 루버의 설치로 원거리에서는 하나의 통일된 이미지로, 근거리에서는 섬세한 스케일과 텍스처로 인지되도록 처리함으로써 보건시설이 가져야 하는 인간적인 이미지를 표출하였다. 나아가 재료의 특성에 따른 채움과 비움으로 매스의 분절과 리듬감을 부여함으로써 진입축에 직각으로 배치된 대형 매스의 보건소에 변화와 인간적인 스케일을 도입하였다.

보건소의 이미지에 적합한 조형적인 언어와 소재를 사용, 비교적 친근한 건물로 계획하여 건물 자체가 하동군의 상징물이 될 수 있도록 하였다.

〈하동군 보건소〉

국도 2호선을 타고 진주에서 하동읍 내 방향으로 진입하여 하동경찰서 앞에서 경전선 철길을 건너 하동군청을 따라 남쪽으로 이어지는 군청로로 남진하면 군청과 앞마당을 같이하며 하동군 보건소에 도달한다.

(필자 : 양금석)

2

중부경남 지역

합천박물관(옥전유물전시관)
삼성산청연수소
거창 샛별초등학교
의령군종합사회복지관
(재)행복마을연수원

다라가야의 역사를 찾아서... 합천박물관(옥전유물전시관)

합천군 쌍책면 성산리 일대에는 가야시대의 유물이 출토된 고분군이 있다. 이 고분군은 1985년에 발굴되었는데, 발굴조사 결과 문헌상으로도 전혀 알려지지 않았던 다라가야의 유적이 출토되어 당시 학계를 깜짝 놀라게 하였다. 다라가야는 한국 문헌사학에서조차 그 이름이 나오지 않았으며 중국과 일본 사서를 통해 그 존재를 확인하여야 할 정도로 우리에게 알려지지 않았던 국가였다. 4세기에서 6세기 전반의 가야시대 다라국의 지배자 묘역으로 알려진 옥전고분군에서는 수많은 유물이 출토되었는데, 각종 장신구, 철기류, 토기류 등 다라국의 역사와 문화를 알 수 있는 유물이 다수 출토되어 가야시대 문화에 대한 귀한 정보들을 후손들에게 알려주고 있다.

| 옥전마을 야산의 능선에 위치한 합천박물관은 경사지형을 최대한 활용하였다. |

합천군은 발굴된 유물을 전시하고 가야 문화를 알리기 위해 유물전시관을 짓기로 하고 현상설계를 추진하였다. 현상설계 결과 한현호 건축사가 이끄는 GNI건축사사무소의 안이 최종 당선되어 지난 2003년에 건물이 준공되었다.

합천박물관은 옥전마을 야산의 능선에 걸쳐 광범위하게 분포한 고분군에 위치하고 있다. 특히 낙동강 지류인 황강이 저 멀리 내려다보이고 가야산과 지리산을 북서쪽으로 두르고 있어 경관이 매우 아름답다. 대지는 경사를 이루고 있기 때문에 건물 역시 이러한 경사지형에 순응한 형태로 계획되었다. 높이에 따라 단을 형성하여 광장과 건물이 자연스럽게 앉혀졌다. 따라서 지형의 훼손을 최소화하고 자연스러운 깊이감을 줄 수 있었다. 건물로 들어서기 위해서는 경사를 따라 광장과 계단을 거쳐야 하는데 다소 접근로가 길다는 느낌도 들지만, 여러 조형물들과 광장, 수공간 등이 있어 다양한 이벤트가 벌어지기도 한다. 또한 건물에 다가감에 따라 서서히 레벨이 높아지기 때문에 주변의 경관을 감상하기엔 더없이 좋다. 건물 입구에 다다랐을 때, 문득 뒤를 돌아보게 되면 저 멀리 황강이 내려다보이며 시원한 경치를 만끽할 수 있다.

63

건물은 고분전시관답게 기본적으로 고분을 모티브로 하여 설계되었다. 건물을 따라 인공 둔덕을 조성하여 원형의 터를 만들고 그 안에 건물 매스를 앉혔다. 이 원형의 터는 건축가의 의도에 따르면 영역성을 확고히 하고 그 중심에 전시관을 앉히게 할 목적을 갖고 있다. 보통 원형으로 공간이 조성되면 원형 공간이 전체 건축배치의 중심축이 되어 좌우대칭이나 방사형의 딱딱한 패턴으로 배치가 이루어지는 경향이 있는데, 이를 피하고 원형 터를 진입축에서 비켜나게 하여 계단과 진입부를 축에서 뒤튼 것은 아주 훌륭한 선택이었다. 무리하게 상징축을 설정하여 지형을 훼손하는 것보다 지형에 따라 순응하여 건물을 앉히는 전략을 택함으로써, 건축 스스로가 여러 고분군 중의 하나가 되어 주변과 조화되고자 했던 테마가 잘 살아났다.

둔덕 안에 놓인 건물은 사각형의 단순한 매스를 기초로 하

| 고분군을 상징하는 둔덕 안에 놓인 박물관 |

여 원통의 매스가 삽입된 형태를 이루고 있다. 사각형 매스는 둔덕의 한 면을 관통하고 있는데, 이는 시간을 관통하는 역사의 흔적을 상징하는 것이라고 건축가는 밝히고 있다. 건물 내부의 전시관으로 들어서면 1, 2층을 관통하는 원통 매스를 만나게 된다. 천창과 벽체의 개구부를 통해 빛이 유입되어 매우 인상적인 분위기가 연출되고 있는 이 공간은 가야의 오랜 역사를 환기시켜주는 역할과 동시에 박물관 전체 공간의 중심축이 되고 있다. 외부에서 보았을 때에는 원통 매스보다는 사각형의 딱딱한 형태가 주로 보였기에 내부에서 원형의 오픈스페이스를 만날 것이라 기대하지 못했는데, 이런 의외성이 이 공간을 접하는 기쁨을 더욱 배가시키는 듯하다. 둥근 원형의 천창과 작은 사각형의 개구부를 통해 다양한 형태의 빛이 들어오고 있어 엄숙하면서도 신비로운 느낌을 자아내고 있다.

원형의 오픈스페이 공간에 쏟아지는 자연광이 공간의 느낌을 더욱 신비롭게 만든다.

상부로 갈수록 좁아지는 이 원통 매스를 따라 2층으로 올라가는 램프가 놓여 있다. 이 박물관은 계단을 배제하고 2개의 램프로만 동선을 이끌고 있어 내부 동선체계가 효율적이면서도 건축적 산책을 가능케 하고 있다. 원형의 램프와 직선의 램프가 적절히 배치되어 있어 관람객의 동선을 무리 없이 이끌면서도 램프를 따라 외부의 경치도 조망할 수 있는 등 건축 내에서의 산책을 즐기기에도 불편함이 없다. 1층 전시관을 관람하고 둥근 램프를 따라 2층으로 올라가면, 앞서 보았던 자연광이 유입되는 원형 공간을 경험하면서 가야의 유구한 문화를 떠올릴 기회를 갖게 된다. 그 후 2층 전시관을 관람한 뒤 직선 램프를 따라 1층으로 내려오면서 외부로 난 창을 따라 자연경관을 즐기며 전시관의 전체 관람을 마무리하게 된다.

전체적으로 보아, 다라가야라는 알려지지 않았던 역사의 흔적을 복원하면서도 스스로 인상적인 건축이 될 수 있도록 노력한 건축가의 작업이 좋은 결실을 맺은 듯했다. 특히 지형에 순응하면서 고분군이라는 건축 테마를 무리 없이 소화했고, 원형의 내부 오픈스페이스를 중심으로 내부 관람동선을 효율적으로 설계한 점이 인상적이다. 다라가야의 역사도 배울 겸 꼭 한 번 들러보기를 권한다.

합천박물관은 2003년 제5회 경상남도 건축대상제에서 금상으로 선정되기도 하였다. 심사의견에 따르면 건물의 형태가 고분 및 주변 환경과 잘 조화되고 원활한 동선체계의 공간구성이 우수하다고 평가되었다. 이 건물을 설계한 GNI건축사사무소는 클레이아크 김해미술관을 설계하기도 하였는데 역시 우수한 작품으로 본 저서에도 소개되고 있으니 참고하기 바란다.

〈합천박물관〉

합천박물관은 합천군 쌍책면에 있다. 옥전고분군 인근에 조성되다 보니 대중교통을 이용하여 접근하기 어려운데, 고속도로를 이용할 경우 창녕IC나 고령IC에서 나와 합천방면으로 가면 된다. 여유있게 가서 옥전고분군도 같이 답사하길 권한다.

(필자 : 조형규)

산청삼성연수소는 삼성 중공업에서 운영하는 연수원으로 산청군 원지에서 지리산으로 가는 길목에 위치해 있다. 이 연수소는 기본적으로 거제도에 있는 선박제조회사인 삼성중공업의 임직원 및 삼성그룹 신입사원의 교육과 휴양을 위하여 건립되었으나, 최근에는 일반인을 대상으로 프로그램을 만들어 주말에는 사용료를 지불하면 누구라도 이용할 수 있도록 하였다.

삼성산청연수소 전경

주출입구에서 바라본 모습

이 건물의 주정면은 교육동으로 전면에 광장을 배치하여 상징성을 부여하고 있으나, 실제적인 주출입은 교육동과 후생동을 연결하는 중심에 중정마당으로 관통하는 주출입구가 설치되어 있어, 모든 이용객은 주차장에서 내려 이곳을 통하여 진입하게 되어 있다. 그리고 이 건물의 전체 배치는 중정을 중심으로 3개의 오브제를 연결시켜 일체의 공간으로 구성하고 있는데, 반시계 방향으로 교육동은 정면 위치하며 긴 장방형으로 되어 있으며, 숙소동은 꺾인 장방형으로 교육동과 연결되어 있고, 또한 후생동은 반원형으로, 교육동과 숙소동이 연결되어 있다.

　　이 연수소의 공간구성은 교육동, 숙소동, 후생동 일체로 되어 있으나, 기능상 후생동을 중심으로 상호 통합되어 있다. 여기에서 개별 건물의 공간구성을 살펴보면, 교육동은 3층으로 되어 있으며, 1층은 정면의 로비를 중심으로 교육연구실, 접견실, 디스턴스러닝룸, 휴게실, 회의실 등이 있다. 2층은 1층의 로비 부분이 2층까지 뚫려 있으며, 이 사이를 반원의 브릿지로 두 영역을 연결하고 있고, 각각의 영역에는 ALR실, 교육본부, 휴게실, IT실습실 스튜디오실 등이 있다. 또한 좌측 주출입구 옥상을 통하여 후생동의 다목적 강당으로 연결되는 통로가 있고, 3층은 ALR실, 교육본부, 교육실, 휴게실 등이 있다.

후생동은 지하 1층, 지상 2층으로, 지하층은 숙소동과 연결하여 편의시설로 되어 있는데, 수영장, 남녀 사우나, 레스토랑, 슈퍼, 노래방, 오락실, 당구장, 탁구장 등이 통합되어 1층은 숙소동과 연결되어 있고, 또한 교육동과 나란하게 보이는 연결부위에 숙박을 위한 안내데스크와 중정이 한눈에 들어오는 강화유리로 된 라운지가 있다. 이 공간은 연수소에 가장 중심적 내부공간으로 여기에 앉아 있으면, 2층까지 통층으로 설치되어 있는 강화유리창을 통하여 중정과 교육동, 숙소동의 모습이 한눈에 들어온다. 또한 이 창문 밖에는 라운지에 맞추어 연못과 지하층으로 내려가는 선큰이 조성되어 있다. 아무튼 공간적으로는 이용객이 가장 많이 이용하는 장소이다. 그리고 이 라운지와 연결된 후생동 1층은 단체 등의 전체 식사를 담당할 수 있는 대형식당이 있으며, 2층에는 교육동과 연결하여 연극, 영화, 쇼, 음악회 등과 같은 관람은 물론 세미나, 발표회 등 다양한 행사를 수행할 수 있도록 다목적 강당이 있다. 후생동과 연결된 숙소동은 6층으로 되어 있는데, 이용객의 특성을 고려하여 호텔형, 콘도형, 양실, 한실 등 다양한 스타일의 실로 가족, 친지, 동료와 함께 숙박을 할 수 있는 체류공간으로 구성하였다. 따라서 공간의 구성은 3개의 건물로 독립되어 있지만, 교육, 숙박, 편의 등의 중심기능은 필요에 따라 층별로 통합되어 있는 것이 특색으로 이용객의 동선을 고려하여 기능을 최대한 부각시켰다.

| 라운지에서 바라본 중정마당 |

　이 연수소의 의장적 특징은 기능에 충실하기 위하여 중정을 중심으로 형태가 다른 4개의 매스를 결합시켜 전체적인 조형성으로 "이질적인 형태의 조화로운 조합"을 강조하고 있다. 즉, 정면의 교육관은 전체 중심을 잡을 수 있도록 긴 장축의 장방형으로 간결하게 처리하고 있으며, 후생관은 다목적 강당의 기능을 충분히 살릴 수 있도록 독립된 형태로 구축되어 있고, 교육관은 채광과 환기를 위하여 꺾인 형태의 긴 장축의 장방형으로 처리하므로 각각의 형태는 매우 이질적임에도 불구하고 중정을 중심으로 상호 관입과 분리를 통하여 조화로운 통합을 시도하고 있다. 아무튼 이 연수소에서 눈여겨볼 것은 기능에 따라 배치 및 형태가 충실하게 반영되고 있는 점이다. 또한 이질적 오브제에서 오는 산만함을 최대한 줄이기 위하여 중정을 중심으로 형태를 최대한 단순하게 조절함으로 일체감이 들 수 있도록 하였고, 독립된 건물임에도 불구하고 그 기능을 상호 관입시킴으로써 일체감이 들도록 하였다.

〈삼성산청연수소〉

삼성산청연수소는 통영 대전간 고속도로에서 단성IC로 들어와 지리산방향으로 올라오면 와공리에서 삼성산청연수소 이정표가 나타나며, 이곳으로 외길 따라 올라오면 된다. 그리고 진주에서 산청, 함양방면의 시외버스를 타고 원지에서 하차하여 중산리 덕산행 시외버스를 이용하여 와공리에서 하차하여 외길 따라 올라오면 된다.

(필자 : 주우일)

옛 동심을 향한 포스트모던... 거창 샛별초등학교

샛별초등학교는 학교법인 거창고등학회에 속한 경상남도 거창군에서 유일한 사립초등학교로 1964년 2월 18일 설립인가를 받아 같은 해 3월 10일 개교하였다. 개교 당시에는 오스트레일리아 선교사가 사용하던 2층 임시건물을 교사로 사용하다가 1972년 12월 10일 옛 거창고등학교 건물로 이전하였고, 1995년 4월 14일 지금의 위치에 교사를 신축하여 이전하였다. 이 학교는 기독교 신앙을 바탕으로 한 민주시민 양성을 교육목표로 하고 있으며, '바르게 생각하고 실천하는 어린이'가 학교의 교훈이기도 하다. 6학년 12학급으로 편성되어 있고, 미술·피아노·컴퓨터·바이올린·무용·첼로 등의 특기적성교실을 운영하고 있다. 재정적으로 어려운 여건임에도 불구하고 학교가 건축될 수 있었던 것은 바로 학교당국과 건축사의 의기투합이 있었기 때문이다. 이 건물을 설계한 건축가 허정도의 회고담에서 보면, 당시 학교장을 맡고 있었던 주중식 교장과의 소통이 잘 이루어졌기에 기존의 방식에서 벗어나 다양한 시도를 적용할 수 있었다고 한다. 성적만으로 아이들의 모든 것을 평가하는 사회와 교육환경이 우리 모두의 삶을 황폐하게 만든다는 인식 아래, 경쟁에만 매달리는 부조리한 사회를 정화하고 인간적인 교육이 이루어질 수 있도록 건축 공간을 만드는 데에 디자인의 초점을 두었다. 이 당시 주중식 교장의 주문은 저학년 교실동과 고학년 교실동 그리고 특별 교실동을 구분해서 3동으로 배치하는 것이었다. 또한 어린이들에게 정서적 교육 기능을 수행할 수 있도록 하며, 건축 비용은 최소화 시켜달라는 것도 포함되었다. 이에 대한 건축가는 부지 현장과 주변의 낡은 건물의 모습들, 어릴 때부터 누구나 가지고 놀던 장난감의 형태, 크레용으로 그렸던 어린시절의 그림 속 집 모양 등과 같이 우리에게 친숙한 형태들로부터 설계 모티브를 찾는 방식으로 작업을 전개해나갔다. 또한 색상을 선택할 때에도 학교를 가장 많이 이용하는 10세 전후 아이들 정서에 맞추는 것은 물론 시각교정에도 도움이 되도록 하였다.

| 고학년 및 저학년 교실동 연결 브릿지 |

이 학교는 도로면보다 경사진 아래에 위치하며, 또한 약간 부정형의 대지를 이용하여 3개의 건물군이 오밀조밀 배치되어 있는데, 고학년 교사동을 중심으로 "ㄷ"자형으로 구성되어 있다. 좌우 날개부분에 저학년 교사동과 단차가 낮은 특별 교사동으로 운동장을 감싸 돌고 있다. 우선 교문에서 들어서면 저학년동이 나오는데, 이 곳은 홀을 중심으로 교실이 배치되어 있고, 계단실과 화장실, 시청각실을 하나로 묶었으며, 이 계단을 따라 올라가면 동일한 패턴의 홀과 교실이 나온다. 또한 브릿지로 고학년 건물동과 연결되어 있다. 고학년 교실동의 1층은 홀을 중심으로 교무실과 교장실, 양호실, 계단실을 하나의 영역으로 묶고 좌우에 교실이 배치되어 있다. 또한 가운데 상징적 모뉴멘트 탑의 공간과 연결되어 있으며, 이 공간은 화장실과 창고로 되어 있고, 측면의 특별 교실동과 데크로 연결되어 있다. 2층은 홀을 중심으로 교실과 도서관으로 구성되어 있고, 옥상데크가 설치되어 있다. 그리고 특별 교사동은

| 데크에서 바라본 운동장 |

각종 특별활동이 가능한 1층의 미술실, 과학실, 시청각실과 2층의 음악실로 구성되어 있다.

샛별초등학교의 외관에서 가장 두드러진 특징은 가운데 모뉴멘트 탑을 중심으로 교사동과 특별 교실동이 비대칭적으로 조합되어 있다는 것이다. 운동장으로 진입하면 한눈에 들어오는 기념비적인 탑이 시선을 이끌고 있는데, 이것은 건축가가 밝힌 것처럼 아이들을 꿈과 동심의 세계로 이끌려는 의도의 결과로 읽힌다. 또한 건물을 비대칭적으로 조합하여 아이들의 눈높이에 맞추어 건물의 형태와 공간을 구성함으로써, 당시 학교건축의 주류를 이루었던 일자형의 건물에서 탈피하는 계기를 마련하였다. 그리고 학생들의 정서함양을 고려하고 단조롭기 쉬운 건물에 풍부한 표정을 불어넣기 위해 80-90년대 우리나라 건축계를 풍미했던 포스트모던의 파스텔톤의 다양한 색채를 적용한 점 역시 인상적이다.

〈샛별초등학교〉
샛별초등학교는 거창읍내의 군청에서 걸어서 15분 정도 소요되며, 자동차로는 법원사거리에서 우회전하여 이정표를 따라 언덕길을 올라오면 거창고등학교와 함께 위치해 있으며, 대중교통은 택시 정도가 가능하다.

(필자 : 주우일)

강령한 태양의 유혹... 의령군종합사회복지관

| 배치현황-위성사진 | 자료출처 http:// local.daum.net/map/index.jsp.

　　의령군종합사회복지관은 남해고속도로에서 의령관문을 지나 79번 국도를 따라 진주방향으로 계속 직진하면 서부삼거리와 남천삼거리 사이에 국민체육센터와 함께 위치해 있다.

　　남천사거리와 서부삼거리 사이의 구역에 체육공원이 조성되었는데 이 공원 내에 복지관이 위치하고 있다. 체육공원의 전체적 모습을 살펴보면, 원형의 보행로로 외곽 경계를 구획하고 북쪽에는 운동장과 테니스장, 연못, 실개천, 조경공간을 배치하였고, 남동쪽에 체육센터와 함께 종합사회복지관을 배치하였다. 따라서 복지관은 체육공원을 구성하는 하나의 요소이기 때문에 건물 단독으로 이해되어서는 안되며 전체 맥락에서 살펴보아야 한다. 특히 전체 체육공원은 일괄 턴키 방식으로 설계, 시공되었기 때문에 종합적 관점에서 복지관을 바라보아야 할 당위성은 더욱 커진다.

이 건물은 지하 1층, 지상 3층으로, 지하층은 기계실, 체력단련실, 노래교실, 식당 등으로 되어 있고, 1층은 관리사무실, 봉신실, 어르신휴

의령군종합사회복지관 전경

게실, 할머니휴게실, 건강관리실, 경남지체장애인협회 의령군지회, 장애인기능교육장 등 노약자와 관리를 위한 공간으로 구성되어 있다. 2층은 이주여성교육장, 요리교실, 다목적홀, 이·미용실, 강의실, 자원봉사센터로 되어 있으며, 3층은 청소년지원센터, 정보화교육장, 청소년 쉼터, 독서실, 전시실 등으로 되어 있다. 이와 같은 공간구성은 이용객의 노약정도에 따라 층수를 달리하여 배치하였으며, 또한 긴 장축형 평면으로 되어 있기 때문에 선형적 연결 공간으로 구성되어 있다. 주진입은 체육센터와 공유하고 있는 중정에서 들어오게 되어 있으며, 또한 주차장과 연결된 부출입구가 있고, 전면의 공원으로 연결된 협문이 설치되어 다양하게 접근이 가능하도록 되어 있다. 그리고 이용객의 특성을 고려하여 라운지에서 올라가는 주계단과 엘리베이터가 설치되어 있으며, 부출입구에도 별도의 계단이 설치되어 있다. 또한 피난을 고려하여 2층과 3층으

로 연결된 별도의 옥외계단이 측면에 설치되어 있다. 특히, 주
계단실과 옥외계단은 독립된 공간으로 구성하여 건물의 이미
지를 풍부하게 하는 조형적 요소를 부여하였다. 그리고 긴 장
축공간에서 오는 공간구성의 한계를 극복하기 위해 편복도와
중복도를 상호 연결시켰고, 기능별로 실을 배치시켰다. 특히,
2층에는 발코니를 두어 이용객의 편의를 제공할 수 있는 제한
적인 여유공간을 확보하고 있다.

이 건물의 의장적 특징은 의도된 원형의 부지에서 면적 요
소로 작동하고 있으며, 조형적 이미지를 이해하기 위해서는
같이 건립된 국민체육센터와 상호 연결해서 살펴보아야 한다.
동일한 구역 내에서 원형의 마당을 중심으로 국민체육센터는

정방형의 '정적인 형상'을 보여주고 있다면, 이 건물은 곡선형의 '동적인 역동성'을 보여주고 있어 부정합의 결합으로 이해될 수 있는데, 원형의 부지에서 심장과도 같은 순환체계의 중심에 역동적인 면과 타원형의 변형으로 배치되었다. 이 건물에서 읍의 중심부로 진입하는 주출입구는 원형의 장소에서 생명의 바람을 불어넣은 기관으로 자연스럽게 에너지를 뿜어내는 연결고리를 만들고 있다. 그리고 단순한 긴 장방형의 오브제를 굴곡, 분절, 삭제, 첨가 등의 요소를 적용하여 종합사회복지관으로서 기능과 원형의 장소에서 보행자를 자연스럽게 내부로 끌어들일 있도록 유기적으로 배치하고 있다. 특히, 강렬한 태양 빛을 상징하는 붉은색의 사암과 부분적으로 노랑색의 스터코 마감, 지붕은 실버색의 티타늄아연판 등을 유효

주출입구 모습

적절하게 사용하여 쇠락해 가는 농촌지역에서 노약자를 위한 사회복지 실현의 기치아래 활기를 불어넣고자 하는 의도가 짙게 깔려 있다. 여기에서 보여주는 트렌드는 미국 캘리포니아를 중심으로 작열하는 태양과 광활한 바다를 배경으로 붉은색과 노란색의 이미지를 차용하는 건축 스타일의 범주에서 보여주고 있다. 이 건물은 의령읍에서 생뚱맞은 이미지이지만, 이것은 정반대의 강렬함으로 다가와 활력충전의 건축 언어적 아이러니로 볼 수 있다.

〈의령군종합사회복지관〉

의령군종합사회복지관은 남해고속도로에서 군북IC로 들어와 79번 국도를 따라 공단교 의병탑을 지나 건물이 보이는 서부삼거리에서 우회전하여 20m 직전, 좌회전하여 들어오면 된다. 의령군청에서 걸어서 15분 정도 소요되며, 대중교통은 택시 정도가 가능하다.

(필자 : 주우일)

자연과 마음의 관입... (재)행복마을연수원

| (재)행복마을연수원 전경 |

| 주출입구 |

(재)행복마을연수원은 사단법인 동사섭에 의하여 운영되는 수련시설로 일명 동사섭문화센터이다. 이 시설은 동사섭 삶의 5대원리[정체(正體)·대원(大願)·수심(修心)·화합(和合)·작선(作善)의 원리]를 수련과정에 대한 개념정립과 이에 따른 수련시설을 계획하여 여름 정기수련, 겨울 정기수련, 월례정진, 지도자과정, 지역모임 지원 등을 위하여 함양골 심산유곡에 건립되었다. 건물의 배치는 경사지형을 이용하여 "ㄴ"자형으로 수련동, 식당 및 집회장 2동으로 구성되어 있으며, 차후 계획으로 몇 동의 건물이 더 건립될 예정으로 있다. 연수원 구역 내에는 마당과 경사지형을 이용한 산책로 등이 조성되어 있다. 이 수련시설이 행복마을연수원으로 명명된 것은 재단법인 동사섭에서 추구하는 이념적 강령에 따른 것으로 "우리 모두의 지고한 행복 추구에 그 목적을 두고 있기 때문이다. 즉,

81

사람들의 보다 질 높은 행복을 위해 마음에 관심을 기울이며 마음의 본성을 깨닫고, 스스로 마음을 잘 다스릴 수 있는 길을 제시하고 실천할 수 있도록 안내하여 활기 넘치는 세상을 만들고자 하는 이념 아래, 마음의 수련을 위한 시설로 이 연수원이 건립되었다. 이 연수원은 수련기간 및 수련과정에 따라 사용료를 지불하면 누구라도 이용할 수 있다. 이 수련원의 배치는 진입하는 주정면에 수련동이 배치되어 있고, 지형의 경사 단차를 이용하여 계단과 중정으로 연결된 식당 및 집회장이 직교 배치되어 있다. 이 두 건물은 교차점에 완충공간을 두고 연결되어 있는데, 수련동은 평슬라브로 되어 있고, 식당 및 집회장은 경사지붕으로 되어 있지만 이질적인 형태를 상호 조화롭게 연결시키고 있으며, 상징적 정면은 진입하는 수련동이 되나, 실제적인 정면은 수련동과 식당 및 집회장 사이의 중정 마당으로 관통하는 주출입구가 된다. 모든 이용객은 주차장에서 내려 이곳을 통하여 진입하게 되어 있다.

| 수련동 2층으로 올라가는 계단에서 바라본 집회동 |

　이 건물들의 공간구성을 살펴보면, 우선 수련동은 지상 2층으로 구성되어 있다. 1층의 경우는 통층으로 된 로비를 중심으로 사무실과 반대편으로 중복도를 따라 응접실, 화장실, 창고, 수련방, 원장실이 있고, 기타 정면 주출입구에서 들어올 수 있는 중앙데크와 좌측 끝에도 작은 데크가 설치되어 있다. 2층의 경우는 중복도를 중심으로 강당, 그룹방, 화장실, 세탁실 및 샤워실, 그밖에 9개의 수련방과 좌측 끝에는 작은 데크가 설치되어 있다. 이 수련동은 수련을 위한 기능성을 최대한 발휘할 수 있도록 공간을 집약시켜 놓았으며, 부분적으로 데크를 설치하여 외부 경관에서 뿜어져 나오는 자연의 생기를 내부로 끌어들이고 있다.

　식당 및 집회장 내부식당 및 집회장은 1층으로 구성되어 있는데, 중정과 연결된 데크와 계단을 올라 내부로 들어올 수 있는 출입구가 좌우측면과 정면에 설치되어 있다. 공간의 효율성을 위해 주방과 창고, 화장실로 주진입하는 공간은 하나의

영역으로 묶고, 별도의 부출입구를 설치하여 주차장과 연결시키고 있고, 식당은 전면에 마당을 바라볼 수 있도록 내부영역을 분리시키고 있다. 또한 수련동이 이용객이 참선하는 데 방해를 받지 않도록 하는 기능에 충실하였다면, 식당은 자연을 내부로 끌어들이고자 하는 열망이 녹아 있다. 이 건물은 자연 숲을 내부로 끌어들이고자 했던 80년대 일본에서 유행하던 '자연주의 건축'에서 영향을 받은 건물로 부재 및 일부 설계는 일본으로부터 공수되어 온 것들이다. 따라서 내부는 노출 콘크리트 벽체와 목재 지붕틀과 구조재 등으로 자연미를 뽐내고 있다.

이 연수원의 의장적 특징은 수련동의 현대미와 식당 및 집회동의 자연미가 상호 조화를 이루며, 이질적 오브제들을 노출콘크리트와 목재로 절묘하게 결합시켜 일체감을 만들고 있다. 또한 함양 죽곡의 자연에서 살포시 앉아 있는 수련동의 조용함과 식당 및 집회동에서 풍겨오는 숲 속의 상쾌함을 마음으로 관입시켜 스스로 마음을 다스리고 정화하는 장소로 제격이다.

(재)행복마을연수원

(재)행복마을연수원은 88고속도로 함양IC에서 함양읍 내로 들어와 함양3교를 건너 공설운동장에서 죽곡마을 방향으로 3Km 정도 외진 길로 올라오면 건물이 보이며, 대중교통 이용은 함양읍에서 택시 정도가 가능하다.

(필자 : 주우일)

1. 블루 피쉬(귀산동 주택)
2. 창원대 국제교류센터
3. 사파복지회관(구 사파정동 마을회관)
4. 경상남도 통일관
5. 엑스플러스와 디엔에이
6. 시티 세븐(The City 7)
7. 창원YMCA
8. 진해기적의 도서관
9. 진해해군사관학교 성당
10. 양덕성당
11. 마산노인종합복지관
12. 3·15 아트센터
13. 클레이아크 김해미술관
14. 국립김해박물관
15. 대성동 고분박물관
16. 김해시 장애인종합복지관

3

동부경남 지역

블루 피쉬(귀산동 주택)

창원대 국제교류센터

사파복지회관(구 사파정동 마을회관)

경상남도 통일관

엑스플러스(X-Plus)와 디엔에이(dna)

시티 세븐(The City 7)

창원YMCA

진해기적의 도서관

진해해군사관학교 성당

양덕성당

마산노인종합복지관

3·15 아트센터

클레이아크 김해미술관

국립김해박물관

대성동 고분박물관

김해시 장애인종합복지관

하얀 집에서 만나는 파란 물고기 … 블루 피쉬(귀산동 주택)

원래 창원 귀산동은 낚시꾼들이 즐겨 찾는 곳으로 바닷가를 따라 작은 횟집들이 밀집해 있던 곳이었다. 도심에서 매우 외진 곳에 위치해 있기 때문에 낚시에 취미가 없는 사람이라면, 일부러 시간을 내어 드라이브를 오거나 회를 먹으러 와야 하는 곳이었다. 마산과 창원을 이어주는 마창대교가 개통되면서 귀산동 일대의 접근성이 좋아지기는 했지만, 그렇다고 해서 동네의 조용한 경관이 일거에 시끌벅적한 시장통으로 바뀌는 일은 생기지 않았다. 오히려 바다 위를 지나는, 수면에서 상판까지의 높이가 세계 최대(68m)인 마창대교라는 훌륭한 경관 자원을 얻음으로써 동네의 조망 가치가 더욱 높아졌다. 물론 덩달아 부동산도 뛰기는 하였지만 말이다.

주택의 발코니에서 보이는 경관으로 마창대교가 바다 위로 지나고 있어 무척 아름답다.

파란 물고기라는 뜻을 가진 주택, 블루 피쉬는 바로 이렇게 아름다운 경관을 갖고 있는 지역에 건축되었다. 건축가의 표현을 빌자면 "장소 덕분에 '싸우는 똥개처럼 50점을 먹고' 시작"하였다. (월간 플러스, 2008년 9월호)

원래 건축이라는 것이 장소의 해석에 대해 얼마나 독특한 관점을 제시하느냐에 따라 성패가 갈리는 것일 테다. 그렇지만 이 부지처럼 장소의 해석에 이견을 달기 어려운 곳이라도, 자연에 순응하면서 건축가의 개성을 조화시키는 작업 역시 도전해볼 만한 과제이다. 사실 이렇게 확연한 정답을 갖고 있는 장소에 건축설계를 해보는 것도 건축가에게는 대단한 행운이요, 기회인 듯하다. 어쨌거나 이렇게 황홀한 경관의 부지를 접한

순백의 기하학적 매스가 경사진 부지에 놓여 있어 극적인 구도를 형성한다.

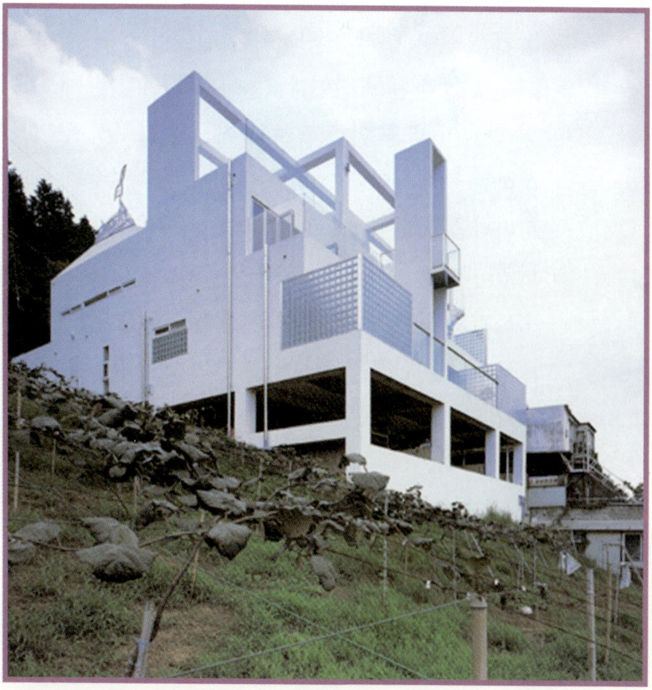

건축가는 '50점을 먹고' 시작하는 데 자만하지 않고, 나머지 50점도 아낌없이 '먹기' 위해 개성넘치는 건축을 제안하였다.

　건물은 바다를 향해 경사진 부지에 앉혀 있다. 경사 부지에 순백색의 기하학적인 사각형 매스가 놓여 있어 오브제로서의 성격이 매우 부각되고 있다. 건축가의 표현을 빌자면 '바닥판 3장'이라는 제한된 건축 어휘로 공간을 풀어가고자 하는 노력을 보여주고 있는데, 기교는 최대한 배제하고 건축의 본질을 추구하려는 구도자적 자세가 엿보인다. 제일 위의 바닥판은 바다와 하늘이 만나는 아름다운 자연을 조망할 수 있는 공간이고, 중간 바닥판은 출입문이 위치한 곳이자 작업실 또는 카페 등으로 활용할 수 있는 건물의 주축이 되는 공간이며, 제일 아래의 바닥판은 주거공간이 위치하고 있어 프라이버시가 보장되는 한편 주거기능을 위한 실들이 놓여 있어 합리적인 동선으로 계획된 공간이다. 순백색의 사각형 매스에 세로 방향의 판들이 벽을 이루고 보와 기둥의 가구식 구조가 지붕을 구성하는 방식들이 전형적인 모더니즘의 정수를 보여주고 있다. 모더니즘을 현대적으로, 그것도 백색의 기하학적 매스로 구현하였다는 점에서 리차드 마이어(Richard Meier)의 건축이 언뜻 떠오르기도 한다. 사실 누구의 건축을 닮았다 하기 이전에, 포스트모더니즘 이후의 건축이 이론이나 경향을 논하려는 시도 자체가 번번이 실패하는 요즘 다시 한 번 건축의 본질을 진지하게 논하려는 건축가의 시도가 매우 반갑게 다가오는 것은 비단 필자만의 느낌은 아닐 것이다.

"루이스 칸의 말처럼 건축은 심각하지도 않고 건강한 상식에서 비롯되는 작가의·그 시대, 생각의 구현이며, 삶의 놀이의 일부분이며, 동시대에 난무하는 악다구니를 쓰는 시각디자인도 아니며 보다 본질적인 진실을 추구하는 반란자처럼 건축의 영원불변한 본질(진리)을 끝까지 추구하고 싶다."

(월간 플러스, 2008년 9월호)

게다가 이 건물은 모더니즘의 공간을 구성하는 데에만 그치지 않고, 다소 익살스러우면서도 흥미로운 시도들을 몇 가지

기획하였다. 그중 하나는 2층의 구석에 위치한 다각형의 비밀방, 다도실이다. 이곳에는 방의 형태에 따라 다각형 패턴의 천창이 있는데, 바로 여기에 이 집의 이름인 블루 피쉬의 비밀이 숨어 있다. 바로 천창에 물고기 장식이 매달려 있어 마치 하늘을 헤엄치는 물고기의 모습을 연출하는 한편 빛을 배경으로 시시각각 변하는 공간의 표정을 만들고 있다. 그리고 천창 밖으로 놓인 지붕 구조물은 마치 홍일점과 같이 건축 외부에서 색다른 제스처를 보여주고 있다. 또 하나 흥미로운 시도는, 바로 건물 외부에서 현관을 거치지 않고 바로 옥상으로 올라가는 계단을 내놓은 것이다. 소위 건축적 산책이 드러난 경우인데, 언제나 그렇듯 외부에 손길을 여는 건축은 항상 우리에게 반갑게 다가온다. 그 외에도 2층의 조망대라든지 2층과 옥상을 잇는 원형계단에서, 삶을 즐기려는 건축주의 여유와 그에 화답하는 건축가의 재치가 돋보인다.

다소 아쉬운 것은 정작 이 집의 가장 중요한 부분인 주거기능을 갖고 있는 1층이다. 전형적인 거실 중심의 아파트형 평면을 갖고 있는데, 1층과 2층을 독립적으로 분리시키고 실용적인 평면을 만들어 달라 한 건축주의 요구를 감안하더라도 건물의 오브제적 성격에 비해 너무 단순하게 처리된 점이 아쉽다. 다만, 상부로 뚫려 있는 중정이나 바다를 향해 있는 테라스가 단순한 평면에 활기를 불어 넣어 주고 있는 점은 다행이라 하겠다.

건축가 황흥렬, 정현식, 최성길은 모두 경상대학교 건축공학과를 졸업하였는데, 창원에서 건축가사무소 A7을 개소하여 공동 작업을 많이 남겼다. 이 주택도 공동 작업의 결과물인데, 세 건축가의 팀웍이 잘 드러난 작품이라 하겠다. 현재에는 각자 사무실을 운영하고 있지만, 언젠가 다시 한 번 세 건축가의 역량이 결집된 작품을 선보여 주길 기대한다. 이 작품은 2008년 창원시 건축대상제에서 대상을 수상하였다. 단독주택 작품이 지자체의 건축대상제에서 최고상인 대상을 수상하기는 쉽지 않은데, 그만큼 작가의 역량이 결집된 우수한 작품임을 보여주는 증표일 것이다.

〈블루 피쉬〉

블루 피쉬가 있는 창원시 성산구 귀산동은 대중교통을 이용하기에 다소 불편하나 마창대교 개통 이후 버스가 증차되어 그나마 낫다. 창원시내에서 216번 버스를 타고 삼귀동 석교마을 종점에서 하차한 뒤, 길을 따라 약 500m 정도 더 가면 오른편으로 하얀색의 블루 피쉬를 만날 수 있다.

(필자 : 조형규)

| 독립적인 기능의 시설을 수용하기 위해 매스가 분절되고 경사에 따라 배치되었다. |

건축인들에게 가장 중요한 공부 중 하나는 건축물 답사일 텐데, 답사를 통해 사진이나 도면으로 접할 때와는 비교도 안 될 정도로 많은 정보와 감동을 얻게 되는 경우가 많다. 특히 건물 위주로 찍힌 사진만 보다가 주변 경관과 어우러진 실제의 건축물을 접할 때에는 오히려 건물 자체보다 건물이 놓인 대지와 주변의 지형지세에 더 큰 감동을 느낄 때가 종종 있다. 건축가들이 주변 환경과 건축물과의 관계 맺기에 골몰하는 데에는 이렇듯 다 이유가 있는 법이다. 그런데 이러한 관계 맺기에 있어 경관과 주변 환경을 대하는 건축가들의 자세는 서로 다를 것이다. 아름다운 경관을 마주하며 때로는 경관을 압도

하는 설계를 하는 자신감 넘치는 건축가도 있을 것이고, 기존 경관에 최대한 누를 끼치지 않도록 설계하는 건축가도 있을 것이다. 주어진 경관을 새로이 해석하고자 시도하는 건축가와 주어진 경관에 순응하는 건축가들은 서로 다른 어휘를 동원하여 우리의 건축 도시경관에 많은 영향을 끼쳐왔다.

우거진 수림대 속 오브제로 돋보이며 주변 산세와도 잘 어울린다.

창원대학교 내에 위치한 국제교류센터 역시 현장을 답사하
게 되면 처음 느끼는 것이 바로 부지 주변의 수려한 경관이다.
정병산 산자락에 위치한 국제교류센터는 뒤로는 정병산을 끼
고 있으며, 서측에는 인근의 국도 조성 공사로 인해 지금은 말
라버린 개울이 있고, 남측으로는 창원대학교는 물론 창원시의

경관이 펼쳐져 있는 등 건축가라면 누구나 욕심을 내볼 만한 위치에 놓여 있다.

그리고 그 결과는 그리 나쁘지 않아 보인다. 사실, 우측면에서 바라볼 때는 매우 성공적인 결과를 보여준다. 무수히 우거진 수림대 속에서 하나의 오브제가 불쑥 솟아나와 있지만, 그와 동시에 정병산의 스카이라인에 자연스레 묻히면서 산세에 순응하는 극히 소박한 제스처도 같이 엿보인다. 이 점에서 이 작품은 정면보다는 부지의 서측 에서 바라볼 때 건축가의 의도가 더욱 잘 읽힌다고 하겠다.

유리 커튼월과 노출 콘크리트를 묶어주는 붉은색의 장치들이 인상적이다.

본 건물은 당초에 교수회관과 국제교류원의 두 가지 기능을 전제로 하여 기획되었다. 또한 국제교류원은 세미나실, 연회장, 게스트하우스의 기능을 필요로 했기에, 사실상 4개의 독립적인 기능을 가진 건물이 되어야 했다. 따라서 4개의 독립된 기능이 주어진 부지에서 어떻게 효과적으로 배치될 것인가가 가장 중요한 설계과제로 대두되었을 것이다. 세미나실, 연회장, 교수회관의 세 개의 기능을 두 매스로 나누어 지면에 앉히되, 경사지형의 특징을 살려 출입구를 기능 및 높이에 따라 분산 배치함으로써 이러한 과제를 극복하였다. 현재 동측의 매스는 행정실과 교수회관으로 서측의 매스는 한국어학당 및 세미나실로 이용되고 있다. 한편, 프라이버시 및 기능상의 독립이 가장 요구되는 게스트하우스는 지형에 순응하여 놓인 두 개의 매스 상층부에 위치하여 전체 건물을 아우르는 역할도 담당하였다. 전체적으로 3개의 사각형 매스가 적층된 형태라서 외관상으로는 정적인 분위기를 자아내는 듯 보인다. 그러나 외부에서 건물로 접근해가면서 나타나는 동측의 캔틸레버 돌출 매스와 중앙부의 흘러내린 듯한 계단, 그리고 이 계단에 설치된 붉은색의 강관 핸드레일은 매우 동적이고 긴장감을 불러일으키며 정적인 매스를 보완해주고 있다.

노출 콘크리트와 복층유리가 절제된 외관을 구성하는 입면에 비해 배면은 노출 콘크리트로만 마감되어 있다. 노출 콘크리트는 발수제를 도포하여도, 꾸준한 유지관리가 이루어지지 않을 경우 시간이 지날수록 습기와 공기에 의한 오염이 발생한다는 단점이 있다. 국제교류센터 역시 준공 후 6년이 지난 오늘날 이러한 오염으로부터 자유롭지 못하다. 우수에 자주 노출된 부분을 중심으로 오염이 진행되고 있는데, 설계와 시공의 문제보다는 유지관리의 문제가 더 크다고 하겠다. 한편 한국어학당과 세미나실이 위치한 유리 커튼월의 매스는 수평 루버와 상부의 붉은 난간 상부가 형성하는 수평성의 강조가 특징이며, 두 매스가 떠받치는 게스트 하우스는 수직, 수평의 안정적 분할로 편안한 표정을 자아낸다. 반면에 돌출된 캔틸 레버의 매스는 앞서 언급하였듯이 동적이고 긴장감을 자아내는 역할을 한다,

더할 나위 없이 좋은 경관에 대한 건축가의 인식은 여러 건

경관을 마주하여 최대한 열린 자세를 취하였다.

축 어휘로 번역되어 나타났다. 필로티로 띄워져 있는 진입부를 향해 중앙 계단으로 올라가면서 서서히 나타나는 필로티 너머의 풍경이라든지, 게스트 하우스에 위치한 공중 복도 및 휴게공간에서 바라보는 캠퍼스의 풍경은 건축가가 의도한 꽉 짜인 프레임 내에서 한 폭의 그림처럼 다가온다. 배면의 계단실은 옥외로 노출되어 있어 경관을 즐기는 시각적 즐거움은 물론 정병산의 신선한 공기를 몸으로 체감할 수 있게 해준다. 또한 실내외에 적절히 천창을 사용함으로써 자연채광을 고려하기도 하였다.

중앙부에 설치된 붉은색 강관의 핸드레일은 처음 접할 때에는 건축물의 맥락과 다소 동떨어진 듯 보였다. 멀리서부터 부각되는 이 강렬한 오브제는 정체에 대한 호기심을 자아내다가 건축물에 접근할수록 핸드레일인 듯하면서도 조각품인 듯한 독특한 모습을 드러낸다. 정적이고 자칫 딱딱해질 수 있었던 건축물에 하나의 표정을 더해준다.

건축가 허정도는 아마도 이 책을 통틀어 가장 많이 소개된 작가일 텐데, 경남을 대표하는 건축가로서 창원대 국제교류센터를 비롯해 거창 샛별초등학교, 사파정동 마을회관이 이 책에 소개되어 있다. 최근에는 언론인, 시민사회운동가 등으로 변신하여 왕성한 활동을 보여주고 있지만, 우리 건축인들에게는 그가 더 이상 건축작품을 선사해주지 못한다는 점이 너무나 아쉬울 따름이다. 허정도가 이끌었던 서진건축사사무소는 경남에서 활동하는 건축가들을 수많이 배출한 인재양성소이기도 하였다. 건축가 신삼호 역시 서진에서 허정도와 같이 활동하다가 후일에 독립하여 새로이 사무실을 개소하였는데, 창원대 국제교류센터는 두 건축가의 파트너십이 잘 드러난 작품이라 하겠다.

<창원대 국제교류센터>
창원대 국제교류센터는 창원대학교 내에 있다. 대중교통을 이용하여 창원대 정문에서 하차한 뒤 대학본부 우측을 따라 학생회관과 평생교육원을 지난 곳에 위치하고 있다.

(필자 : 조형규)

장식과 그림으로서의 건축이야기 ... 사파복지회관

사파복지회관은 과거에 사파정동 마을회관으로 불렸었는데, 사파정동은 지금의 사파동이 되었고 마을회관 역시 복지회관의 용도로 바뀌어 사파복지회관이 되었다. 1994년에 지어진 이 마을회관은 지역의 건축 작품에서는 보기 드물게 연작의 형식을 지니고 있다. 창원, 마산 지역을 대표하는 건축가 허정도는 1993년에 팔용동 마을회관을 완성한 뒤, 같은 용도의 건물을 더 짓지 않겠냐는 제안을 창원시로부터 받고 일종의 연작 개념으로 사파정동 마을회관 설계에 착수하였다. 팔용동 마을회관과 사파정동 마을회관은 형태와 색상에 있어, 당시의 설계 경향에 견주어 볼 때 과감한 전략을 채택하였다.

| 건립 당시의 모습으로 독특한 조형미가 돋보인다. |

특히 건축물에 원색을 사용한다든지, 건축비 상승을 동반하는 곡선형, 사선형을 사용하는 등 당시로서는 매우 참신한 설계 안으로 평가받았다. 팔용동 마을회관은 기하학적인 형태의 매스를 기반으로 밝고 옅은 회색의 주조색 바탕에 일부 강조색이 쓰였는데, 팔용동에 이어 건축된 사파정동 마을회관에서는 색상은 물론 형태에서도 아예 "지역의 장식물"이 되겠다는 의도를 가진 채 과감하고 다양한 형태를 채택하게 되었다. 바야흐로 경남 지역의 대중성을 지닌 포스트모던 건축의 첫 단추를 끼운 작품이라고 볼 수 있다.

| 원통형 매스와 역삼각형의 지붕 등 다양한 매스가 어울리고 있다. |

장식을 절제하고 사각형의 기하학적 매스를 양산해낸 모더니즘 건축은 값싼 비용과 비교적 간편한 시공기술로 짧은 기간에 건물을 생산해낼 수 있는 이론 및 실무적 배경을 제시해주었다. 단기간의 경제성장과 함께 이른바 근대화를 위한 도구로서 모더니즘 건축은 매우 훌륭한 역할을 해내었다. 한편 양적 성장에서 질적 성장으로의 전환에 대한 논의가 전개되던 1990년대에 모더니즘 이후의 건축에 대한 논의가 등장한 것은 자연스러운 일이었다. 비록 서구에서 수입된 이론이긴 했지만 포스트모던 건축의 등장은 건축가들에게 일종의 설계 규범을 완화하거나 해체시키게 했고 장식이나 원색 등과 같은 금기에 대한 도전을 가능케 하였다. 이런 면에서 사파복지회관의 설계는 시기적으로도 공간적으로도 매우 도전해볼 만한 프로젝트였을 것이다.

당시 주어진 프로그램은 주민회관으로, 어린이실과 청소년실, 독서실, 다목적홀 등을 가진 건물로 계획되었다. 바로 인접하여 학교도 있었기 때문에 대부분의 사용자가 청소년이었을 것이며, 건물용도 역시 이들에게 초점이 맞춰져 있었기 때문에 설계 테마를 학생들을 위한 쉼터를 마련하는 데 두는 것은 당연한 수순이었다. 이 점에서 건축가가 나무 아래에서 쉬는 학생들의 모습을 그리며, 나무에서 건축의 형태를 따온 것은 매우 수긍이 간다.

(허정도, 건축문화, 1994년 5월호)

건물은 ㄱ자형으로 놓여있는데, 두 개의 나무가 ㄱ자로 만나는 형태를 취하고 있는 셈이다. 물결모양의 매스가 두 나무를 이어주는 부분에 위치하고 있으며, 상부에 원통형 매스가 올라가 있다. 전체적으로 형태는 매우 역동적인데, 수목의 형태를 보이기 위해 채택한 역삼각형의 지붕 매스는 이러한 역동성을 자아내는 데 있어 일등공신의 역할을 하고 있다.

전면에서 드러나는 물결 모양의 유리블럭 및 캐노피와 장식 기둥 역시 매우 인상적이다. 캐노피를 뚫고 올라가는 장식으로서의 기둥은 당시로서는 매우 과감했던 선택으로 보이며,

건물의 쾌활한 표정을 만듦과 동시에 오브제로서의 역할도 훌륭히 소화하고 있다. 특히 유리블럭을 매우 효과적으로 사용하였는데, 좁은 로비 공간에 넓은 공간감을 자아내는 것은 물론 자연 채광과 더불어 회화적인 내부 입면을 만드는 데 있어 맡은바 역할을 다 해내고 있다. 필자 개인적으로도 유리블럭의 가능성에 대해 관심을 두고 있는데, 이 건물을 답사한 뒤 유리블럭의 적용에 대한 많은 영감을 얻을 수 있었다. 한편, 건물 준공 당시에 적용된 색채는 일부 변경되기도 하였는데, 전반적으로 세월의 탓과 세심하지 못한 건물 관리로 인해 준공 당시의 자분하면서도 강렬한 색상의 느낌을 엿보지 못해 아쉬웠다.

캐노피와 유리블럭, 지붕 위로 솟은 기둥이 유쾌한 표정을 자아낸다.

건축비평가 임석재 교수는 이 건물을 두고 색채와 회화성에 대한 탐구의 결과물이라고 정의하였다. 그의 말을 빌리면, 사파정동 마을회관은 "모더니즘의 백색 이상주의"에서 벗어나 "색이 갖는 조형 능력을 정의하려는 새로운 움직임"을 보여준 건물로 평가된다.(임석재, 교양으로 읽는 건축, 인물과 사상사) 앞서도 언급하였지만, 애당초 오브제로서의 건축을 작정하고 설계되었기에 이러한 회화성이 표출된 것은 당연할진대, 더욱 고무적인 것은 이러한 작업이 매우 성공적인 결과를 가져다주었다는 점이다. 대개 이러한 스타일의 건축이 다소 유치하거나 통속적인 형태의 매스로 귀결될 가능성이 큰 데도 불구하고, 각기 서로 다른 형태의 장식적 매스와 색상을 잘 버무려 역동적이면서 밝고 유쾌한 표정의 건물을 만드는 데 성공하였다.

물결모양의 유리블록은 내부의 채광을 도우면서 그 자체로 회화적 구성을 만들고 있다.

이 건물은 오래된 공공건물이 대체적으로 그렇듯이 유지관리가 제대로 되지 않아 입면의 오염이 매우 심각하게 진행된 상태였다. 초기의 마을회관(주민회관)의 기능은 사라졌고, 현재에는 시민사회단체들이 입주해 있는데, 건축주가 공공이다 보니 유지관리가 다소 소홀해진 듯 보였다. 파손된 유리블럭이나 우수 등으로 인한 외벽의 오염이 눈에 거슬릴 정도였는데, 지역을 대표하는 우수 건축물이라 해도 손색이 없을 건축작품이 이런 대접을 받고 있어서 한편으로 안타까웠다. 그리고 지역의 커뮤니티 공간으로 충분히 기능할 수 있을 텐데 그렇지 못하다는 것도 아쉽게 다가왔다. 담장을 허물고 건물 옆의 휴게공간을 지역주민들이 쉽게 이용할 수 있도록 접근성을 높이는 등의 노력을 기울여보는 건 어떨까 싶다. 물론 이런 작

유지관리가 안 되어 노후화가 심각하지만 외관의 조형미는 여전히 개성적이다.

업을 할 주체가 없다는 문제가 있지만 말이다. 또 하나 덧붙일 말은, 답사를 진행하는 중에 건물사용자와 잠깐 얘기를 나눌 기회가 있었는데, 건물이 매우 춥다고 하소연하였다. 건물의 문제라기보다는 냉난방설비의 문제로 보였지만, 아무튼 좋은 건축 작품이 항상 사용자들의 높은 만족도로 이어지지 않을 수도 있다는 점은 두고두고 곱씹어봐야 할 대목이다.

〈사파복지회관〉
사파복지회관은 창원시 성산구 사파동에 있다. 대중교통을 이용할 경우 버스를 타고 사파동에서 하차한 뒤 사파고등학교 방면으로 150여m를 걸어가면 왼쪽으로 사파복지회관이 나오는데 바로 이 건물이다.

(필자 : 주우일)

통일의 문을 여는 열쇠가 되어 ... 경상남도 통일관

　　창원시 용지호수 옆에 위치한 순백색의 독특한 조형미를 자랑하는 경상남도 통일관은 대부분의 창원시민들의 기억 속에 반공회관이라는 이름으로 자리잡고 있다. 이 건물은 1979년에 경상남도의 기부채납 조건으로 시유지 조건부 토지사용을 승인받아 경남 반공회관이라는 이름으로 건립되었는데, 1998년에 통일부로부터 자료를 제공받아 운영하는 통일관으로 이름을 바꾸게 되었다. 지금은 안보 교육기관으로서의 역할이 그리 뛰어나 보이지는 않으나, 반공이 국시나 다름없던 1980년대에는 그 역할이 대단했었다. 필자 역시 1980년대 창원에서 학교를 다니면서 반공 교육의 일환으로 여러 차례 견학을

| 호수와 상업지역, 미술관 등이 주변에 위치하여 입지적 장점이 뛰어나다. |

갔었는데, 당시 전시되고 있었던 공산군을 재현한 인형들이나 여러 모형들을 보면서 매우 무서워했던 기억이 난다. 견학을 마치고 나면 북한 공산군은 정말 나쁜 악마와 같다는 생각이 절로 났으니, 당시 반공 교육은 적어도 나에게 있어 탁월한 효과를 발휘했다. 이런 마음 한편에서는 독특하게 생긴 건물의 형태에 대한 호기심도 살짝 생겼으니 반공교육기관으로서의 위상과 더불어 창원시 건축문화에 새로운 표정을 불어 넣어준 역할도 무시 못할 것이다.

| 하얀 역원추형의 원통과 파란 하늘이 대비되고 있어 강렬한 인상을 남긴다. |

경상남도 통일관은 역원추형으로 생긴 전시관과 상자형의 사무동 건물 그리고 이 둘을 중재해주는 역할의 수직의 첨탑으로 구성되어 있다. 건물의 형태에 대한 기본적인 콘셉트는 행운의 열쇠 모양으로부터 나온 것인데 열쇠가 갖는 의미나 상징에 대해서는 알려져 있지 않다. (2007년 3월 13일자 경남도민일보 참조) 어쩌면 복잡한 남북관계를 해결해 줄 열쇠 역할을 자임하겠다는 의지의 표명일지도 모르겠다. 역원추형의 전시관과 상자형의 사무동이 역동적으로 잘 조화되어 있으며 건물

전체를 덮고 있는 순백색은 전체적으로 경쾌하면서도 차분한 질서를 부여하고 있다. 사무동의 경우, 비슷한 시기에 조성된 경상남도 도청의 입면과도 유사하면서 동일한 순백색을 사용하고 있어 경관상의 일체감을 높여주는 데 기여하였다. 비록 그 이후의 건축에서 이러한 경관상의 질서를 따르는 건축이 많이 등장하지는 않았기에 순백의 건축이 창원의 건축 경관에 주요한 키워드가 되지는 못했지만, 이 책에서도 소개된 블뤼피쉬(귀산동 주택)와 같은 몇몇 프로젝트에서는 순백의 건축을 재해석하고자 시도하기도 한다.

건축적 인상을 가장 뚜렷이 남기는 역원추형의 전시관은 재연 모형 등으로 볼거리가 많았던 과거와는 달리, 지금은 패널이나 액자 및 북한 물품 등 위주로 전시되어 있다. 이곳은 내부 순환형의 동선을 따르고 있어 관람 동선이 명쾌하다. 1층 로비에서 전시관으로 진입하여 순환 동선을 따라 관람을 마치면 2층으로 나오게 되는데, 2층의 강당에서 안보 관련 영상물을 감상하는 것이 일반적인 관람 패턴이다. 사실 이 건물의 백미는 3층 전시관에 있다. 이곳에는 작은 규모의 전시장이 있고 그 바깥쪽에 원형의 외부를 향해 열려 있는 복도가 있다. 이 복도를 따라 한 바퀴 걸으면서 용지호수를 포함한 외부의 아름다운 경치를 마음껏 감상할 수 있다. 보통 이곳을 들르지 않고 관람이 끝나는 경우가 많은데, 꼭 둘러봐야 할 곳이다. 전시관과 사무동 사이를 매개하는 계단에는 자연채광이 가능하도록 외부로 창이 나 있다. 호수로의 경관이 워낙 아름답기에 계단을 걷다 절로 걸음이 멈춘다. 건물 곳곳에 건축가의 배

원통 전시관의 바깥을 따라 외부를 조망할 수 있다.

직선의 계단과 곡선의 천장의 대비, 빛과 어둠의 대비가 나타나 있다.

려가 엿보이는 세심한 디테일들이 숨어 있다. 계단부의 평평한 벽면과 원형의 벽면이 만나는 곳의 곡선 처리라든지, 캐노피의 목재 천장, 외부 조경 화단의 단차 구성, 건물 배면의 외부 계단 등은 건축을 배우는 학생들에게 꼭 한번 보라고 권하고 싶다.

상이한 좌우측 디자인을 중재하고, 전시동으로의 시선쏠림을 방지하여 전체적인 균형감을 주기 위해, 몇 가지 장치들을 사용하고 있다. 첫째는 정문 출입구 부분인데, 사무동쪽으로 편향되게 배치함으로써 역동성을 강조하고 있다. 둘째는 수직의 높은 첨탑인데, 자칫 전시동으로 무게중심이 기우는 것을 방지하고 사무동 입면 디자인의 리듬을 변주함으로써 전체적인 통일성을 기하였다. 아무튼 재미있는 구성이 여기저기 많이 나타나고 있어, 보는 이로 하여금 흥미를 자아내게 하는 건물임은 틀림없다.

첨탑은 경관의 초점을 형성해주고 있다.

    통일관은 용지호수 옆에 자리하고 있어, 경관이 아름다우며 창원시청 및 중심상업지역과도 가까워 입지상의 이점도 매우 많다. 반면 용지호수의 한켠에 자리하다 보니, 이 건물로 인해 용지호수 공원의 녹지 네트워크가 단절된다는 단점도 있다. 용지호수를 찾는 사람들은 점점 많아지는 반면, 안보교육을 위해 통일관을 찾는 사람들은 점점 줄어들다 보니, 자연스레 통일관 이전에 대한 논의가 등장하였다. 공원 확충 및 녹지축

연계 등의 관점에서는 검토할 만하지만, 이 건물이 갖는 건축 및 도시경관적 가치에 대한 논의는 배제되고 있어 무척이나 걱정되는 것도 사실이다. 경상남도 통일관이 갖고 있는 건축 문화자산으로서의 가치를 보존하면서 동시에 용지호수 녹지축을 연계할 수 있는 방안을 마련하는 데 지혜를 모아야 한다. 예컨대 건물의 입면은 그대로 유지하면서 내부를 문화 관련 시설로 리모델링하고 외부의 주차장을 녹지로 조성하여, 기존의 용지호수 산책로가 새롭게 단장된 건물로 자연스럽게 이어진다면 녹지축도 살리면서 공원에 문화공간이 새로이 생기는 효과도 거둘 수 있을 것이다.

2010년 현재 경상남도 통일관에는 한국자유총연맹 지회가 입주하고 있다. 답사를 갔을 때에는 외부에 있는 대포나 비행기, 전차를 보러 몇몇이 들를 뿐 건물 내부에는 관람객을 찾아보기 어려웠다. 건물이 갖고 있는 건축적 가치에 걸맞은 지위를 어서 빨리 회복할 수 있기를 기대해본다.

<경상남도 통일관>
경상남도 통일관은 창원시 용지호수, 성산아트홀, 창원시청 등이 위치한 시내 한복판에 있어 대중교통으로 찾아가기 편리하다. 성산아트홀 정류장에서 내려서 용지호수 쪽으로 조금만 걸으면 흰색의 독특한 외양을 가진 경상남도 통일관을 만나게 된다.

(필자 : 조형규)

나 이런 캐릭터야 ... 엑스플러스(X-Plus)와 디엔에이(dna)

엑스플러스의 x 가새는 건물의 구조재이자 표현재이다.

일반적으로 캐릭터(Character)는 특성, 특질을 말한다. 건축에서는 건축가의 '성깔' 또는 '빛깔'과 관련지어 생각하는 것이 알맞을 것 같다. 한국 건축계에서 캐릭터하면 떠오르는 사람이 있다. 건축가 조건영이다. 우선, 우리 건축계를 통틀어서 유일하게(내가 아는 한) 1980년 광주와 관련되어 모진 시련을 겪었다. 또 한 번은 건축허가 공무원들의 횡포에 맞서 장문의 건축허가포기이유서와 같은 항의문을 건축 잡지에 실은 적도 있다. 아무튼 그는 돈벌이로 건축을 하는 것이 아니라 거창하게는 자아의 실현, 소박하게는 그냥 자기 삶으로서의 건축을 한다. 우리 건축계에 몇 안 되는 사람이다.

모든 건축물은 각각의 의미를 갖는다. 사람은 자고로 환경과 자신을 동일시하고 싶어 한다. 자기가 어떤 장소에서 어떤 방식으로 살아가는지 매순간 확인하는 존재가 사람인 것이다. 따라서 캐릭터가 중요하다. 건축에서 캐릭터는 건물의 존재 목적, 건물이 나타내는 구체적인 분위기, 건물이 위치하는 장소의 고유성 등으로 결정된다.

창원에 위치한 엑스플러스(X-Plus)는 건축가 조건영의 1994년 작품이다. 1990년대 조건영의 건축은 성깔 있는 사람들이 흔히 그렇듯이 자아도취적(?) 성향이 강했다. 독특한 구조형식을 사용하여 드로잉에만 치중하는 다른 건축가들과 선을 그었고, 형태적인 전위성으로 자신이 범상치 않은 존재임을 드러내었다. 이런 그의 건축을 형태주의 시대라고 불러도 될까?

맞다. 이 시기 그는 분명, 형태에 탐닉을 하였다(그렇다고 소위 기능을 경시하였던 것은 아니다). 형태는 20세기 건축에서 가장 중요하면서도 까다로운 개념이다. 사실 형태 그 자체는 모호한 개념이다. 사람의 감각으로 알게 되는 '모양'의 의미와 이성으로 파악되는 '본질'의 의미를 동시에 가지고 있기 때문인 것이다. 즉 형태는 아름다움을 느끼게 해주는 대상인 동시에 건축의 진정한 본질이 감각의 세계 저 너머에 있다는 것을 암시한다. 조건영이 어떤 본질을 추구했는지는 모르겠지만, 신선한 건축 꼴을 추구한 것은 분명했다. 엑스플러스(X-Plus)는 이런 그의 형태주의 시기의 끝자락에 있다.

엑스플러스(X-Plus)는 조건영의 건축 구조 및 건축 형태에 대한 관심을 오롯이 보여주고 있다. 우선 건물 전면으로 보이는 X자 모양의 가새는 구조재이자 표현재로서 건물의 주인공이다. 건축가는 이 주인공을 돋보이게 하고 싶어 했다. 속이 보일 듯 말 듯 투명하게 처리한 주차타워와 무채색의 건물 색깔도 물론 건축가의 의도이지만, 이것들은 오로지 주인공을 살리기 위한 장치일 뿐이다. 건물의 용도는 단순하다. 지하부터 지상 10층까지 상업을 위한 공간이다. 우리 주변에서 흔히 볼 수 있는 근린생활시설(일명 근생)인 것이다. 좁은 땅에 최

무채색의 건물덩어리와 투명한 주차타워-엑스플러스
ⓒ 정성환

대의 상업성을 달성해야 하는 것, 그것이 근생의 타고난 운명이다. 조건영은 자본주의를 혐오한다. 그런데 자신은 근생을 설계한다. 우리네 인생에서 그러한 모순이 어디 한두 가지인가. 그래서 그가 선택한 것은 무표정한 자본주의, 오로지 X를 드러내는 건물 표정 … 그래서 건물의 이름도 X-Plus가 되었을까?

디엔에이(dna)는 조건영의 2006년 작품이다. 창원의 저층의 대규모 주공아파트 단지가 15층의 아파트 숲으로 엘레강스한 이름들(트리비앙, 노블파크)을 달고 변모할 때, 그것과 연접하여 있는 땅에 건축주가 또 조건영을 불렀다. 자신의 집과 일터가 함께 있는 건물을 설계해 달라고. 이제 조건영은 옛날의 그가 아니었다. 무욕의 상태다. 건물을 통해 자기를 뽐내는 것이 얼마나 부질없는 짓인지를 알 만큼 세월이 흐른 것이다. 남의 시선을 의식할 필요도 없고 무엇을 주장할 이유도 없다. 디엔에이는 어깨의 힘을 모두 뺀 건축가 조건영을 그대로 보여주고 있다.

┃ 엑스플러스의 정면- 외관 재료의 대조가 돋보인다. ┃

ⓒ 정성환

공중에서 내려다본 디엔아이- 모서리에 보이는 빈땅이 건축주가 사람들에게 내놓은 땅이다.

디엔에이는 우선 땅을 양보했다. 법적인 의무사항보다 더 많은 공개공지를 같이 살아가는 이웃들에게 내놓은 것이다. 반드시 필요한 것이라는 조건영의 설득에 건축주도 양보를 했다. 건물 내부적으로는 1층부터 8층까지 확 트인 공간을 조성했다. 이것도 한 뙈기의 임대면적도 금과옥조처럼 여기는 근생에서는 쉽게 볼 수 없는 시도였다. 그가 더 중요하게 생각한 것은 디엔에이를 드나들며 사용하게 될 사람들에 대한 배려였고, 생활 속에서 자연스럽게 만나는, 아니 만나는 지도 모르게 만나는 건축의 진실이었다.

120

ⓒ 정성환

육중한 느낌의 뒷모습 냉방기를 놓기 위한 공간을 별도로 만들었다.

전층이 개방된 리엔에이의 입구홀- 건축의 본질을 느끼라는 메시지가 있다.

예전의 조건영의 건축 형태는 하고 싶은 말이 많거나, 확실하게 할 말은 한다는 강한 주장이 있었다. 디엔에이는 말이 없다. 일부러 말을 하지 않겠다는 자기를 닫는 폐쇄와는 다른 그냥 선선한 모습으로 입 다물고 있다. 그래서 일상에서 특별한 관심을 갖게 되지는 않지만, 문뜩 바라보는 순간 기품 있는 그를 보게 된다. 화사한 모습의 건축의 DNA를 느끼게 된다.

대문호 괴테는 『독일건축론(1772)』에서 이렇게 말하였다. "모든 건축의 진실은 그 건축가의 캐릭터를 표현하는 정도에 따라 결정된다." 자고로 건축가는 보여주고자 하는 뜨거운 무엇을 가지고 있어야 한다는 것, 영혼 없는 건축가는 아무것도 아니라는 것을 일깨우는 일침이리라. 하여, 시민들이여 성깔 없는 건축가는 상대하지 마시기를...

〈엑스플러스와 디엔에이〉
엑스플러스는 창원의 중심부인 시청사거리에 위치한다. 주변에 창원시청사와 이마트, 창원광장 등이 자리하고 있다. 디엔에이는 창원의 노블파크아파트와 트리비앙아파트를 좌우로 가르는 도로인 원이대로473번길 북쪽 끝자락에 위치한다. 바로 인접하여 반송성당이 자리하며 주변에 반송시장도 있다.

(필자 : 이강주)

어떤 진실이 있는 걸까 ... 시티 세븐(The City 7)

진실(Truth)은 현대 건축의 교과서가 가장 중요하게 다룬 것 중의 하나이다. 그렇다면 건축에서 진실이란 무엇인가? 다양한 건축서들은 그것의 내용을 표현, 구조, 역사, 이 세 가지라고 한다. 표현의 진실은 건축물이 그 내면적 본질, 또는 건축가의 정신에 진실한 것을 의미한다. 구조의 진실은 건축물의 모습이 사용된 구조 시스템과 재료의 성질과 부합하는 것을 의미한다. 건축기술 분야의 세계적인 대가인 오브 애럽(Ove Arup)은 건축이 구조의 진실한 표현을 통해 거듭나야 한다고 주장한다. 마지막으로, 역사의 진실은 건축물이 시대와 함께 가는 것, 즉 건축물은 건축 분야가 도달한 역사적 발전 단계와 맞아야 한다는 것이다. 시대에 대한 진정한 해석이 요구된다는 것이다. 그런데, 이상의 세 가지는 따지고 보면, 건축가의 자질론과 다름이 아닌 것 같다.

│ 창원 시티세븐 원경- 높은 것에 대한 우리의 열망 │

새로운 밀레니엄의 시작은 한국에서 부동산기획개발사(소위 디벨로퍼)의 발흥과 그 시기를 같이한다. 일반적인 건축시장은 건축주, 설계자, 시공자가 각자의 역할에 따라 삼분하는 체제이다. 모든 건축가의 소망은 자신이 건축주가 되어서 마음대로 설계를 해보는 것이다. 그러나 그 소망은 대개 이루어질 수 없는 꿈으로 끝나기 마련이다. 살아가는 현실이 녹록지 않기 때문이다. 그런데 상황을 극히 단순화하여 얘기하면, 디벨로퍼는 건축주와 설계자가 동화되는 현상이다. 자본이 이러한 꿈을 현실화시키는 것을 보면, 역시 돈은 안 되는 것이 없게 하는 요물임이 분명하다.

돈 때문에, 오로지 돈 때문에 디벨로퍼는 탄생되었기에, 당연히 그의 관심은 돈벌이이다. 한국 최고(?)의 디벨로퍼는 시티 세븐을 그런 이유로 창원에 만든 것이다. 이렇게 결론이 도출되니 모든 상황이 종료되는 느낌이다. 더 이상 글 쓸 이유가 없어진다. 그런데, 이러한 판단이 옳은 것인가? 모든 원죄를 그에게 돌리는 것이 과연 진실인가?

건축의 원천은 상징적 형태를 창조하려는 인간의 본능적 의지라고 한다. 미국의 근대건축가 설리번(Louis Sullivan)도 '우리의 건물들은 사람들을 가리고 있는 커다란 스크린'이라고 하였다. 이 말은 사람들의 속마음과 감춰져 있는 열망이 곧 건물에 나타난다는 뜻이리라. 그렇다면 우리는 인정해야 한다. 시티 세븐은 소비에 대한, 뽐내고 싶은 것에 대한, 큰 것에 대한, 한마디로 돈에 대한 우리의 열망과 콤플렉스의 표현이라고. 한국의 자본주의가 덜 발달된 시기에는 건축 시장에 아이콘(상

| 창원의 새로운 아이콘을 지향하다 |

징되는 것)이 거의 없었다. 기껏해야 서울의 63빌딩 정도였나. 자본의 융성은 건축계에도 태풍을 몰고 와 여기저기 아이콘들을 등장시켰다. 고급주거의 아이콘 타워팰리스, 복합쇼핑몰의 아이콘 코엑스몰, 사무소(재벌)의 아이콘 삼성타운 등 모든 것이 서울 위주다. 시티 세븐 또한 아이콘을 지향한다. 그것은 타워팰리스와 코엑스몰을 섞어 놓은 한국판 록본기힐즈에 대한 열망이다. 그런데 이 지점에서 시티 세븐은 진실의 문제에 직면한다. 앞서 얘기한 역사의 진실에서 가장 문제가 되는 것, 바로 베끼기(copy)이다.

126

옥외로 개방된 건물 내 통로는 새로운 시도이다.

프랑스 철학자 앙리 르페브르는 독특한 사람이다. 철학자로서 그만큼 건축 공간에 대해 관심을 가진 사람은 역사상 없었다. 그의 역저 『공간의 생산(1974)』은 공간에 대한 포괄적 비판이자 공간 일반 이론을 제시한다. 그는 공간을 사회적 관계와 이데올로기의 구체화로 파악하였다. 그는 건축가가 만든 추상적 공간을 혐오한다. 다음과 같은 이유 때문이다. 첫째, 건축가에게 주어진 공간은 지배적 생산양식의 공간, 자본주의 공간이다. 둘째, 건축가가 순수 자유 속에서 창조한다고 생각한다면 그것은 망상이다. 셋째, 건축가가 사용하는 도구들(스

127

케치, 모형)은 투명하고 중립적인 매개자가 아니라 그 자체 권력 담론의 일부이다. 넷째, 건축가의 실천은 이미지 혹은 환상이 현실을 대신하는데, 따라서 건축은 공간을 시각적 이미지로 축소한다. 다섯째, 건축은 공간에 의해 저질러지는 기만을 영속화하는 책임이 있다. 결국 추상적 공간은 인류가 지향해야 할 사회적 공간을 자본주의에 의해 축소해 버린 형태라는 것이다. 이 공간은 인간 주체를 일상생활의 전 체험에서 소외시킨다. 이러한 축소과정의 효과는 공간을 상호 교환 가능한 부품으로 만든다. 추상적 공간 속에서 사람들은 훼손되고 절단된 형태 외에는 다른 공간을 보지 못하기 때문에 그 자신도 하나의 추상이 되어 버린다.

시티 세븐, 창원의 프라이드가 될 만한 충분한 꺼리가 있음은 분명하다. 318실 규모의 특급호텔, 주거용 오피스텔 1060실, 10만 제곱미터가 넘는 경남 최대의 쇼핑몰 등으로 구성되고, 전체 연면적은 40만 제곱미터가 넘고 전체 건물의 층수를 합하면 200층 가까이 된다. 디벨로퍼가 자기의 전부를 걸고 창원에 개발의 은혜(?)를 베풀어 주었다고 생색을 내도 별로 반박의 여지가 없다.

그렇다면 시티 세븐이 베낀 것은 무엇인가? 혹자는 이것과 유사한 건물들을 외국, 특히 일본에서 자주 볼 수 있다는 것을 거론한다. 후쿠오카의 캐널시티, 기타큐슈의 리버워크, 오사카의 남바워크, 도쿄의 록본기힐즈 등을 얘기하면서. 이것들 중 일부는 시티 세븐과 같은 설계자가 계획하여 형태 어휘나

© 박현호

돌아다녀라. 오르내려라... 그리고 소비하여라- 시티세븐의 추상공간

공간 구성에서 유사한 느낌을 주는 것은 사실이나, 그 이유로 무조건 베꼈다고 주장하는 것은 억지의 측면이 강하고 일종의 치졸함도 엿보인다. 그것은 아니다. 시티 세븐이 베낀 것은 눈에 보이는 것이 아니었다. 그것이 그대로 베껴온 것은 르페브르가 그토록 비판했던 추상적 공간, 바로 그것이다. 시티 세븐은 건축의 역사적 진실을 외면한다. 아니 고의로 파괴한다.

오늘도 많은 이들이 추상 속에서 떠돈다 …

| 기존 도시와의 전선을 형성하다. |

<시티 세븐>
시티 세븐은 창원의 명곡광장사거리에서 가장 강한 정면성을 갖는다. 따라서 이곳에서 원경을 보고 건물로 접근하는 것이 좋은 방법이다. 즉 서쪽에서 진입하여 창원컨벤션센터가 나오는 동쪽으로 이동하면서 보는 것이 건물을 제대로 감상할 수 있는 방법이다.

(필자 : 이강주)

　사회적 공간이라는 용어는 프랑스의 철학자 르페브르가 사용한 말이다. 그는 사회적 공간을 사회의 문화생활이 발생하는 공간, 사람의 사회적 활동을 흡수하는 공간으로 개인이 사회적 존재로 구체화되는 공간으로 정의하고 있다. 따라서 사회적 공간은 바람직한 것이다. 그 반대는 우리를 삶의 장에서 소외시키는 자본주의의 추상적 공간이다. 사회적 공간이 사라지고 추상적 공간이 만연해지면 건축의 진실도 사라지고 공동체는 위기에 직면한다. 곤혹스러운 것은 사회적 공간을 만나기가 점점 더 어려워진다는 것이다.

| 우리동네 사회적 공간- 창원YMCA |

건축면적 645㎡, 3층 규모의 작은 건물. 친환경 도료, 천창, 친환경형광등, 흡수식냉난방기, 태양광발전시설, 단열창틀, 칩보드내장, 재활용보도블록, 빗물이용시설, 친환경소변기, 황토블록, 재활용에코블록, 아트리움, 복층유리, 옥상녹화, 외부단열, 센서등, 벽면녹화 등 18가지 친환경요소가 적용된 건물. 지역대학에서 건축을 수학하고 지역에서 쭉 활동해 온 건축가 신삼호가 설계한 건물. 지역운동과 시민운동을 활발하게 이끌고 있는 전점석 총장의 집무실이 있는 건물. 이것이 작은 거인 창원YMCA 건물이다.

　예전에는 자연이 건축의 최고 권위라고 믿었다. 예술의 본령이 자연의 모방이듯이 건축도 그래야 한다는 것이다. 건축은 회화, 조각과 함께 모방예술이었다. 시간이 지나면서 건축과 자연은 좀 더 깊숙한 관계로 발전한다. 건축이 자연의 피상적 외면을 재현하는 것이 아니라 자연의 내면적 원칙, 즉 자연의 운동을 재현한다는 것이다. 다른 예술 분야는 자연의 겉모습만 재현하는 데 비해 건축은 이런 내면을 재현하기 때문에 더욱 심오하다.

세월의 흐름과 함께 건축과 자연의 관계는 몇 차례 더 사연을 남긴다. 그것을 여기서 다 논할 수는 없다. 그런데 1960년대 후반 이래 건축에서 자연의 의미들이 완전히 바뀌는 사태가 발생하는데, 그 이유는 환경에 대한 생각 때문이다. 건물들이 에너지를 많이 사용하고, 땅 등의 천연자원을 마구 먹어 치우기 때문에, 건축은 지구상의 미래 생명에 결정적인 영향을 미친다. 이와 관련하여 프리츠커 상 수상자 로저스(Richard Rogers)는 "건축은 자연과의 대결을 극소화해야 한다. 그러기 위해서는 자연의 법칙을 존중해야 한다. 건물을 자연의 사이클에 맞추어 짓는 것은 건축을 그 근본으로 되돌리는 일이다."라고 주장한다. 생태계에 최소한의 피해를 주는 건축이 훌륭한 건축이라는 이야기이다.

창원YMCA를 방문해 보면 어수룩한 구석도 여기저기 눈에 띈다. 우선 제일 눈에 거슬리는 부분이 어수선하게 설치된 지붕의 태양광발전시스템이다. 지붕의 모양까지 각도를 잡아 어렵게 형태를 잡아 놓았건만 건물과 일체(BIPV)가 되지 못하고 다시 별도의 구조물을 사용하여 꺼벙하게(?) 설치가 되었다. 깔끔한 느낌이 없다. 다음으로 빗물이용시설, 건물의 전면, 주진입부에 떡하니 설치된 것도 그렇고 실제로 잘 사용되고 있는지에 대한 의문도 든다. 마지막으로 노출 콘크리트, 금속패널, 목재 등의 건물 외부 마감 재료 건축이 자연을 고려한다면, 건축 활동을 지역의 경제시스템과 연계하여 생각하는 것이 가장 기본적인 출발점이다. 따라서 마감재료의 선정을 보다 토착화했더라면 하는 아쉬움이 남는다.

   에너지를 많이 잡아먹는 환경은 사람들을 자연에서 소외시킨다. 이것이 자연과 건축과의 관계에 대한 중요한 명제이다. 한편, 인도네시아에서 발생하고 있는 지진해일(Tsunami)들을 보면서 건축의 무상함을 느끼지 않을 사람이 있을까? 제아무리 뽐내고 으스대던 건축물도 자연의 파괴적인 힘 앞에서는 한 줌 햇볕과 함께 사라질 아침이슬 같은 신세가 아니던가. 바야흐로 자연이 건축의 존재 이유가 되는 시대가 도래한 것이다. 우리는 그것을 환경친화건축, 생태건축, 자연과 함께하는 건축이라고 부른다. 그 시작 지점에 진짜 사회적 공간, 우리 동네 창원YMCA가 있다.

| 창원YMCA 정면부 전경 |

〈창원YMCA〉

창원YMCA는 서부경찰서사거리의 도계치안센터와 도계동우체국 사이에 끼어 있다. 서부경찰서사거리에서 도계광장삼거리 쪽으로 향하는 대로에서도 건물의 입면을 볼 수 있으나, 건물이 높지 않으므로 주의 깊게 보아야 한다.

(필자 : 이강주)

건축의 공공성과 건축가의 사회적 기여 ... 진해 기적의 도서관

문화방송이 기획하여 주말 예능 프로의 한 꼭지에 나온 '책을 읽읍시다' 프로그램은 당시 수많은 감동과 재미를 불러일으킨 것으로 사람들의 기억에 남아 있다. 이 프로그램을 통해 '기적의 도서관'이라 불리게 될 어린이 전용 도서관들이 전국의 각 중소도시 지자체에 들어서고 전국적으로 책읽기 열풍이 부는 등 흥미로운 이슈가 잇따랐다. 특히 기적의 도서관 건립 프로젝트는 러브하우스에 이어 다시 한 번 건축의 공공성에 대해 생각해볼 계기를 마련해주었다. 이와 더불어 건축가 정기용에게도 대중에게 한 발짝 다가갈 수 있는 기회를 주었다. 리브하우스에 등상했던 건축가들이 이후에 별다른 의미 있는 프로젝트를 펼치지 못한 반면, 건축가 정기용은 그 이후로도 무주 공공 프로젝트 등 사회성을 담고 있는 프로젝트들을 다수 추진하기도 하여 공공건축가로서의 입지를 확실히 굳혀가고 있는 중이다.

문화방송의 예능 프로그램에서 출발하여 두 번째로 준공된 진해 기적의 도서관

진해 어린이 도서관은 순천에 이어 두 번째로 건립된 기적의 도서관이다. 건물이 들어선 부지는 북쪽으로는 장복산과 5층 아파트 단지가 위치하며 동쪽과 남쪽에 공원과 공용주차장이 각각 위치하고 있다. 부지 자체는 남으로 약간 경사

자연을 접하며 뛰어놀 수 있도록 옥외공간을 계획하였다.

가 져 있어, 자연스럽게 건물이 남향으로 들어설 수 있는 좋은 조건이다. 이러한 조건에 맞추어 아파트를 향한 북측 면은 1층 규모로 낮게, 남측 면은 2층 규모로 계획하여 아파트 단지에서 바라보는 건물의 중량감을 완화하고 자연스레 남으로 열린 건물을 만들 수 있었다. 남측 면은 유리 파사드를 두어 자연채광의 효과를 톡톡히 볼 수 있음과 동시에 직사광을 피할 수 있도록 철제 루버를 설치하여 빛이 분산되도록 하였다. 남측 면의 외부공간에는 수변공간과 행사마당을 만들어 다양한 활동을 수용할 수 있도록 옥외공간을 설계하였다. 건축가 정기용은 책을 통한 지식과 감성의 전달도 중요하지만 외부공간 또한 그에 못지않게 많은 정보와 감수성을 키울 수 있는 책과 같은 장소가 되길 바랐다. 그래서 옥외공간에는 물고기가 헤

엄치는 수공간과 나무와 화단이 아름드리 있는 작은 공원이 조성되었는데, 아이들 눈높이에 맞추어 담장에 외부로의 개구부를 내거나 계단이나 데크의 단 높이 등을 아이들 신장에 맞추어 설계하는 등의 배려를 엿볼 수 있다.

건물은 정면과 배면의 높이가 서로 다른 상자형의 매스를 기본으로 하여 완만한 곡선의 여러 매스가 물려 있는 형태를 띠고 있다. 특별히 형태에 모티브를 부여했다기보다는 도서관으로 들어서는 공간 시나리오에 더욱 비중을 둔 듯하다. 정문을 들어서게 되면 왼편으로 휴게실이나 영유아를 위한 공간들이 먼저 눈에 띄고 이를 지나 원뿔형의 천창을 가진 '지혜의 등대' 라고 불리는 공간을 지나게 된다. 이 명칭은 낮에는 이 천창을 통해 자연광이 유입되어 실내를 환하게 비추고 밤에는 건물 내의 조명이 이 천창을 통해 외부로 새어나가 도시 전체를 지혜롭게 밝히는 등대 역할을 한다는 뜻일 테다. 건물 외형적으로도 뾰족한 원뿔이 중심을 차지하고 있어 전체 도서관 건물의 디자인에서 매우 중요한 역할을 차지하고 있다. 건축가는 이 공간이 건물의 핵심부인 열람실로 진입하기 전에 만나게 되는 일종의 문턱과도 같은 역할을 기대한다고 밝히고 있다. 마치 사찰의 본당에 들어서기 전 누각 하부를 통과하면서 경건한 태도를 갖추는 신도처럼, 아이들 또한 이 공간을 지

나면서 한번쯤 하늘을 올려다보며 마음을 정화시킨 후 책이
안내하는 새로운 세상을 접하게 될 것이다. 열람실로 들어서
게 되면 2층 높이의 공간을 만나게 된다. 온통 책으로 둘러싸
인 이곳은 남쪽의 유리창을 통해 들어오는 빛으로 가득 차 있
다. 철제 나선형 계단을 통해 상부의 메자닌(중이층) 공간으로
올라가면 전체 열람실이 시원하게 펼쳐진다. 하얗게 도장된
H빔 기둥이나 천장, 적갈색의 벽돌이나 연두색의 가구들이
전체적으로 차분한 공간 이미지를 연출하고 있는데, 벽면에
부착된 아이들의 스케치나 장식물들로 밝고 활기찬 분위기를
보강해주고 있다. 사서데스크는 건축가가 직접 디자인한 것으
로 책을 켜켜이 쌓아 놓은 듯한 형태로 제작되었다.

지혜의 등대를 지나며 아이들은 책을 대하기 앞서 경건한 체험을 하게 된다.

답사를 갔을 때에는 평일 오전이었다. 생각보다 많은 아이들이 책을 읽고 있어 깜짝 놀랄 정도였다. 유치원에서 단체로 방문하는 경우도 자주 보였는데 이렇게 단체로 들어올 때에는 공간이 무척이나 비좁게 느껴졌다. 부족한 공간을 보완하기 위해 다목적용의 강당이 증축되었지만 한계가 있는 듯 보였다. 계획상의 문제라기보다 도서관의 운영이 예측하지 못할 만큼 훌륭한 성과를 보인 탓이 아닐까 싶었다. 무리한 증축보다는 적절한 대지를 찾아 제2, 제3의 기적의 도서관을 지역 내에 건립하는 것이 바람직해 보였다. 특히 진해시가 마산, 창원시와 통합하였기 때문에 진해의 모범 사례를 따라 마산이나 창원 지역에 이러한 도서관이 신축되길 기대해본다.

┃ 공간 시나리오에 따라 매스가 배치되었고 옥외공간 역시 도서관의 연장으로 계획되었다. ┃

차분한 공간 속에서도 책과 아이들의 그림 작품이 활기를 돋군다.

건축가 정기용은 응용미술을 전공하다 프랑스 유학길에 올라 건축을 평생 업으로 택하였다. 현재 성균관대 석좌교수이자 기용건축 대표로서 교육과 실무 양면에서 활발히 활동하고 있다. 사실 대중들에게 정기용 하면 기적의 도서관 이미지가 떠오르겠지만, 건축계에서는 그보다는 무주 공공 프로젝트가 더 친숙하게 다가온다. 마을회관, 면사무소에서 버스정류장에

이르기까지 무주의 공공 프로젝트를 도맡아 하면서 공공건축과 건축가의 사회적 참여에 대한 화두를 건축계에 던져주었다. 최근에 그의 건강이 좋지 않다는 소식이 들려오고 있다. 부디 건강을 회복하여 다시 한 번 기적의 도서관이나 무주 공공 프로젝트와 같이 건축가의 사회참여에 대한 좋은 본보기가 될 프로젝트들을 여러 차례 기획해주길 고대한다.

진해 기적의 도서관은 2005년 제6회 경상남도 건축대상제에서 금상을 수상하였다. 어린아이가 있다면 주말에 아이 손을 잡고 꼭 한번 들러보기를 추천한다. 물론 아이가 없더라도 반드시 건축답사를 가야 할 곳이지만 말이다. 진해에 이어 김해에도 기적의 도서관이 들어설 예정이다. 친환경 개념을 적용하여 현재 건물을 짓고 있다 하니 과연 진해와는 어떻게 다른 모습의 도서관이 탄생할지 기대된다. 최근에는 건축가 정기용이 쓴 『기적의 도서관』이라는 제목의 책이 발간되었다. 진해 도서관뿐 아니라 순천, 정읍, 제주의 기적의 도서관에 대해서도 자세히 소개되어 있으니 보다 많은 이야기를 알고 싶은 분들께 일독을 권한다.

〈진해 기적의 도서관〉

진해 기적의 도서관은 창원시 진해구 주공 그린빌아파트 단지 사이에 위치하고 있다. 인근에 진해경찰서, 법원, 석동초등학교가 있으며, 대중교통을 이용할 경우 동부초등학교나 석동중학교 정류장에서 내려 아파트단지 쪽으로 150여미터 걸어가면 오른편에서 찾을 수 있다.

(필자 : 조형규)

창원, 마산, 진해 세 도시의 통합 이후에 통합 창원시의 진해구가 된 진해는 산을 등지고 바다를 향해 있는 매우 아름다운 도시이다. 해마다 봄이 되면 벚꽃이 만개하여 수십만의 관광객이 찾는 도시인데, 진해의 가장 중심적인 위치이면서 아름다운 풍경의 바다에 접해 있는 곳이 바로 해군사관학교가 있는 곳이다. 점입가경으로 사관학교 내에서도 특히 아름다운 위치에 있는 것이 바로 해군사관학교 성당이다. 캠퍼스 깊숙이 작은 산자락의 언덕배기에 있어 바다를 향해 내려다보이는 경관이 무척이나 뛰어나기 때문이다. 해군사관학교 성당은 1999년에 지어졌다. 사관학교 생도들을 대상으로 하는 성당이기 때문에 일반인들에게는 알려져 있진 않지만, 소박한 건축미와 정교한 디테일이 잘 어우러진 멋진 성당건축 작품으로 손색이 없다.

진해 해군사관학교의 정돈된 캠퍼스 내 자리하고 있다.

필자 역시 성당의 존재는 알고 있었으나 한 번도 방문할 기회가 없었는데, 이번 원고 집필을 계기로 성당을 처음 방문하게 되었다. 사실 해군사관학교 자체를 처음 가보는 것이었는데, 무척이나 잘 정돈된 조경과 수려한 바다의 경관에 깜짝 놀랄 정도였다. 답사를 위해 해군사관학교 성당을 방문한 날은 하늘이 무척 파랬다. 푸른 바다와 파란 하늘, 그리고 화려하지는 않지만 분명한 표정을 갖고 있는 성당 건물이 서로 조화롭게 어울리고 있었다. 경남의 건축을 대표하는 작품으로 꼽기에 부족함이 없을 것이라는 첫인상을 받았다. 담당 신부님은 성당에 부임하신 지 오래 되지는 않으셨으나 성당에 대한 자부심이 많은, 아주 친절하신 분이었다. 신부님에 따르면 해군사관학교 성당은 신자들의 성금 모금을 시작으로 몇몇 기업들

| 석재와 목재의 구성이 돋보이는 예배실 앞의 테라스에서 바다를 조망할 수 있다. |

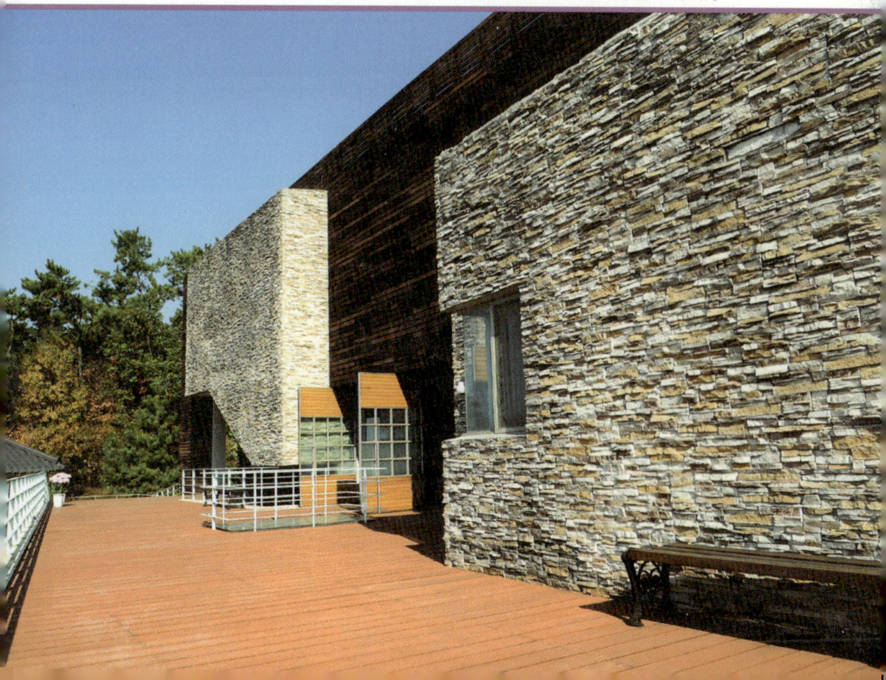

의 후원에 힘입어 건립하게 되었다고 한다. 그리고 성당 건축을 맡길 건축가로 당시 미국에서 막 공부를 마치고 돌아온 젊은 건축가를 지목하여 건립을 추진하였다. 경험이 많은 것은 아니지만 의욕과 열정으로 무장한 신인 건축가들은 이에 좋은 설계안으로 화답하였다.

건물은 기본적으로 직육면체의 상자형태를 갖고 있다. 외장재로 석재와 목재를 사용하였는데, 석재를 가로로 쪼개어 이어 붙인 방식을 통해 독특한 질감을 만들어내고 있다. 석재가 갖는 중량감을 목재가 덜어주는 한편, 무겁지도 가볍지도 않도록 조화를 이루고 있다. 특히 입면 연출에 신경을 많이 쓴 듯 보였는데, 재료와 개구부에 따라 분할된 입면 구성이 명쾌하게 다가왔다. 단순한 매스지만 단순하지 않은 공간구성을 택하였고, 무거운 재료지만 무겁지 않은 외관을 장식하는 연출의 멋이 두드러진다. 다만 정면에 비해 측면에 소홀한 것이 아쉬운데, 특히 우측면은 건물 내로 진입하기 위해 반드시 거쳐야 하는 얼굴임에도 불구하고, 아마도 예산상의 문제로 신경을 많이 못 쓴 것처럼 보였다.

건물 1층에는 신부님이 거주할 사제관을 배치하고, 2층에 성당을 배치하였다. 2층으로 진입하기 위해서는 수직계단을 통할 수도 있지만, 그보다는 1층을 관통하여 램프를 통해 2층 데크로 진입하는 것이 한결 낫다. 1층의 어두운 통로를 지나는 동안 자신을 성찰하고 옷가짐을 고치는 등 경건한 자세를 갖출 시간을 가지게 된다. 그리고 램프를 따라 천천히 2층으로 진입하여 바다가 펼쳐져 있는 밝은 예배실로 들어섬으로써 신을 만나기 전의 건축적 여행 또는 종교적 산책을 마무리하게 된다. 신의 가르침을 얻기 위해서라면 기꺼이 들여야 하는 수고일 것이다. 한정된 공간임에도 불구하고 효과적으로 공간을 배치하여 건축적 여행을 즐거이 대할 수 있도록 한 건축가의 배려가 돋보인다.

2층의 예배실 앞 바다를 향한 곳에 발코니 데크를 만들고 예배실의 남측 벽면을 여닫이문으로 개방하여 이와 연결시켰다. 따라서 예배실 앞의 이 데크는 예배실의 보조 공간으로서의 기능을 수행함은 물론, 아름다운 경관을 만끽하기에도 더없이 좋은 곳이다. 예배실 내부는 유리와 반투명 유리 및 루버를 통해 자연광이 실내로 들어오고 있어 아늑한 분위기를 연출하고 있다. 종교건축치고는 다소 자연채광이 과하다 싶기도 한데, 아름다운 경관을 내부로 끌어들이기 위한 불가피한 선택인 것으로 보인다. 실내는 매우 차분한 느낌이었다. 후면의 중2층 공간에 올라 실내를 내려다보면 이 성당만의 소박하면서도 질서 잡힌 공간의 분위기를 잘 느껴볼 수 있다.

| 예배실 내부에서 바다를 바라볼 수 있다. |

　건축답사를 진행 중에 신부님과 얘기를 나누다가 건물의 불편한 점에 대한 이야기가 자연스레 나왔는데, 그중 하나가 신부님이 거주하는 실들이 직사각형이 아니라 사다리꼴에 가까운 형태라서 가구를 배치하는 것이 어렵다는 것이었다. 방이 항상 네모반듯할 필요는 없지만, 그렇다고 사용자들의 불편을 야기하면서까지 사선이나 다각형 형태를 고집하는 것도 합리적이진 않다. 다만 이 성당의 경우 지루해지기 쉬운 상자 매스에 변화를 주기 위해 사선형으로 계획하다 보니 어쩔 수 없이 일부 사다리꼴에 가까운 방들이 생기게 된 것으로 보인다. 디자인을 위해 일부 기능이 희생되었다고 볼 수 있는데, 디자인과 기능상의 모순에 대한 논의는 건축을 전공하는 이들이라면 끊임없이 고민하고 또 해결해가야 할 일이다. 또 하나 성당을 방문하면서 안타까운 모습을 지켜봐야 했는데, 성당 앞에 자리한 팔각정이 바로 그것이다. 성당에 휴게공간을 만들기 위해 지어졌는데, 성당 건물과 전혀 어울리지도 않고 전국 어디를 가도 발견할 수 있는 이 팔각정으로 인해 건물의 매력이 반감될 정도였다. 신부님도 이 팔각정에 대해서 매우 안타까워하셨는데, 앞으로 성당이 증축될 예정이라 하니 거기에 맞추어 이 팔각정도 성당 건축의 일부분으로 탈바꿈하였으면 하는 바람이다.

　성당을 설계한 세 건축가는 모두 연세대학교 건축공학과를 나온 동문으로 비슷한 시기에 미국에서 공부하고 국내에서 같은 건축사사무소를 다니는 등 비슷한 경력을 갖고 있다. 현재 김광수 건축가는 이화여대 건축학과 교수로 재직하고 있고 김

자연채광을 통해 예부실 내부의 공간이 외부로 확장된다.

성식 건축가와 김중근 건축가는 실무에서 활동 중으로, 앞으로의 세 건축가의 활약이 기대된다.

　해군사관학교 성당은 박물관 등이 있어 일반인들의 견학을 허용하고 있긴 하지만, 견학이 허용되는 범위 밖에 해군사관학교 성당이 위치하고 있다. 따라서 답사를 가고자 한다면, 사전에 승인을 얻어야 한다. 다소 절차가 번거롭긴 하나, 해군사관학교 성당과 아름다운 캠퍼스는 번거로운 절차만큼의 값어치를 충분히 할 것이다.

〈해군사관학교 성당〉

해군사관학교 성당은 진해 해군사관학교 내에 위치하고 있다. 대중교통을 이용하여 해군사관학교 정문에서 내린 뒤, 입구에서 방문허가를 받으면 된다. 한편 성당은 본문에도 있듯이 일반 견학 지역이 아니기 때문에 답사 전에 반드시 성당신부님이나 시설관리담당자의 허가를 별도로 받아야 한다.

(필자 : 조형규)

속된 세상에 구축된 성적(聖的) 오브제 ... 양덕성당

훌륭한 건축작품은 특이한 형태를 자랑하거나 인간의 지적
인 성취도를 표현하거나 기존의 건축개념에 도전하거나 신의
존재를 구현하거나 완벽한 예술성을 품어내는 등의 여러 가지
시도로서 보는 사람을 압도하고 경탄을 자아낸다. 이러한 건
축적 발상은 인류의 소중한 가치로서 지금 이 순간에도 강력
하게 자신의 존재를 강조하고 있다.

마산 양덕성당은 1979년의 준공 당시 '서양건축사 특히 초

| 양덕성당 외관 |

기기독교 건축의 두 가지 큰 흐름인 마르틸리움(Martyrium) 형식
과 바실리카(Basilica) 형식의 완벽한 이해와 통합을 나타낸 시대
의 걸작'이라는 찬탄을 자아낸 공간건축 김수근의 작품이다.
그 시절, 양덕성당은 당시 건축공부 좀 한다는 건축학도들의
필수 견학 코스였고 양덕성당의 형태요소와 공간개념에 대하
여 한두 마디 정도 하지 못하면 무식하다는 소리를 들을 수도
있었다.

이 글을 쓰기 위하여 오랜만에 양덕성당을 찾았다. 역시 작품은 그에 맞는 환경 속에 있어야 작품일 수 있었다. 양덕성당과 연접한 연립주택과 고층 아파트, 그리고 자동차정비업소 등의 잡다한 근생시설은 오브제로서의 양덕성당이 방사하는 공간감을 오염시키고 또한 왜소화시키고 있었다. 문화재 주변의 경관을 관리하듯 한국현대건축의 대표작 중의 하나인 양덕성당도 그러한 보존정책이 있어야 할 것 같았다.

하지만 장소적 맥락의 변화를 예견하지 못하고 오브제로서의 작품성에만 몰두한 작가의 독선도 없지는 않았을 것이라면 대가에 대한 예를 잃은 것일까?

돌 그리고 나무와 함께 인류의 가장 오래된 건축재료인 벽돌은 건축의 최소단위로서 언제나 건축의 원초적 의미를 떠올리게 한다. 한 손에 딱 들어오는 벽돌을 한 장 한 장씩 쌓아올려 형태와 공간을 구축하는 작업은 건축의 본질에 가장 가깝게 접근하는 행위이다. 비스듬한 벽체를 위로 갈수록 모이게 쌓아올려 하늘을 향한 인간의 염원을 나타내었다는 양덕성당의 형태구성은 하느님을 향한 인간의 염원을 내포하는 듯하다. 종교의 사회적 입지와 기능이 약화될수록 더욱더 화려하거나 복잡한 건축적 장치를 고안하여 인간의 합리적 이성을 압도해온 종교건축의 역사를 돌이켜보면 양덕성당의 형태와 공간은 지극히 온건하고 따뜻하다.

양덕성당의 배치는 대지 중앙에 성당을 두고 그 동쪽 좌우에 유치원과 사제관을 두고 그 사이를 중정으로 처리했다. 이런 배치를 기준으로 지상층과 주요층에 대한 기능을 분배하였다.

하지만 특이하게도 각 기능의 접근로와 성당의 진입로는 구분되어 있다. 이런 구분은 신의 영역과 인간의 영역을 구분하려는 이원적 사고를 표현한 것이다. 이러한 이원적인 사고에 따라 각 부분의 마감은 다르게 처리되어 있다.

| 양덕성당 배면 구성 |

| 내정에서 본 양덕성당 외관 |

완만한 경사로로 표현된 접근 동선은 속(俗)의 세계와 성(聖)의 세계를 연결하는 과정적 공간으로서 종교적 고양심을 상승시키는 장치이다. 양덕성당은 서구 성당건축의 전통을 존중하면서도 다른 한편으로는 현대 성당으로서 종교 건축의 독자적인 해석과 조형미를 지니고 있다. 내부 역시 차분하고 성스러운 분위기로 신성한 종교 공간을 조성하고 있어 미사 기능에 적절하게 부응하고 있다. 적당한 크기로 분화된 평면도 부정형의 공간을 구성하고 있으나 제대를 중심으로 관통하는 축에 의하여 강력한 평형을 유지하고 있다.

양덕성당은 전체 형태나 스케일 면에서 인간 위에 군림하는 성당이 아니라 인간적이며 신앙공동체의 터전으로 세우고자 했던 건축물이다.

비록 작은 규모이지만 친근한 재료의 구사와 비범한 조형이 뿜어내는 강력함이 있고 서구에서 유입된 종교건축이 이 땅에서 어떻게 정착되어야 하는가에 대한 건축가의 진지한 고민과 노력이 담긴 건축물로 높이 평가되고 있다.

| 양덕성당 내부 공간 |

〈양덕성당〉

양덕성당은 마산역 광장에서 양덕로를 따라 100m 정도 내려가는 우측 좁은 도로 안쪽에 위치하고 있다.

(필자 : 김태중)

차가운 외피 속의 따뜻한 감성 ... 마산노인종합복지관

마산노인종합복지관을 찾은 추운 날 아침, 김남조의 겨울바다란 시가 생각났다.

'겨울 바다에 가 보았지/미지(未知)의 새/보고 싶던 새들은 죽고 없었네/그대 생각을 했건 만도/매운 해풍에/그 진실마저 눈물져 얼어 버리고/허무의/불/물 이랑 위에 불붙어 있었네/........'

| 마산노인종합복지관 정면 |

여기서의 겨울바다는 조국이 아니다. 미지의 새는 기다리는 님이 아니다. 그렇게 찍으면 안된다. 그건 70년대에는 정답이었지만 지금은 오답이다. 미지의 새는 진실의 실체이고 겨울바다는 실체가 소멸되었음을 확인하는 절망의 공간이란다.

노인복지관 찾는 길에 왜 그 시가 생각났는지 모르겠다. 청춘의 회한을 가슴에 묻고 복지의 손길에 의지하고 있는 겨울 노인들을 생각했기 때문일까? 하지만 요즘 복지관은 내가 생각한 예전의 그러한 복지관이 아니었고 겨울바다도 아니었다. 오히려 여름바다였다. 노인들은 바빴다. 바쁘고 활기찼다. 탁구 치고, 바둑 두고, 체력 다지고, 노래하고, 벤치에 앉아 얘기하고....

노인복지관의 형태는 기능에 따른다는 모던한 표피 속에서는 많은 행위가 이루어지고 있었다. 보고 싶은 새는 박제화되어 있었지만...

건물은 3·15회관 부지에 앉아 있었다. 3·15회관은 이제 20분의 1로 축소되어 독재에 항거하는 뜨거운 함성을 조그맣게 외치고 있었다. 민주주의의 열정을 담았다는 물결치는 캐노피와 열주는 그날의 열기를 전하기엔 너무 작았다.

모든 조형예술과 같이 건축은 형태로 말한다. 형태는 의미를 전달하지 않을 수 없다. 추상적인 상징과 의미를 물질의 구축인 형태로 나타내어야 하기 때문에 건축은 고달프다. 설계자는 이제 3·15 의미 전달의 강박에서 벗어나 비교적 압박이 덜한 복지관을 설계하게 되어 홀가분했을 것 같다. 그래도 마음 한 군데, 장소적 의미를 아주 내칠 수는 없어 모형이나마 남겨둔 것이 아닐까?

설계자는 출입구의 의미를 잘 이해하고 있는 것 같았다. 그리고 파사드가 무엇인가도 잘 알고 있었다. 외부에서 본 로비 매스의 투명성은 좌우측 매스를 연결하는 매개체였다. 디자인 이론에 나오는 질서 속의 변화, 비례와 균제, 대비와 조화가 절제된 건축언어로 구사되고 있었다. 박스형의 매스와 최신 마감 재료의 단순한 형태로 현대적 건축미를 나타내었지만 보이드와 솔리드의 적절한 대비, 필로티의 활용, 빛의 도입, 외부경관과의 시각적 접촉, 수직동선인 계단과 엘리베이터를 본래의 기능은 물론 건축공간의 구성요소로까지 활용한 점 등은 건축이 무엇이며 공간이 무엇인가를 제대로 이해한 결과물이었다.

특히 지상을 피로티로 가볍게 처리하고 구성요소를 공유하

는 대조적인 매스로 좌우 날개를 구성한 것은 현대건축의 정수라 할 만했다. 내부공간은 빛으로 가득 차 있었다. H자 평면의 앞뒤로 넓은 창을 내어 빛을 들이고 보이드 처리한 로비까지 스카이라이트가 내려 쏟으니 어디에도 겨울 노인의 음울한 이미지는 없었다.

| 마산노인종합복지관 엘리베이터 홀과 계단 구성 |

　　외부공간은 주줄입구의 진입 알코브와 그 좌우측의 정원과
필로티로 구성되었다. 필로티는 공간의 깊이감을 전달하면서
전면 정원과 교류하고 있었고 필로티 하부에는 전통한식담장
을 둘러 현대건축의 차가운 이미지를 완화시키고 있었다. 복
지관에서 담쟁이 넝쿨마냥 뻗어 나온 듯한 긴 콜로네이드는
동선의 축을 암시하고 있었고 잔디와 보도블럭과 목재 데크는
그 위에서 수용할 수 있는 방문자의 행위를 하나하나 구분해

| 마산노인종합복지관 배면 구성 |

주고 있었다.

　무엇보다 건축물은 건축소비자에게 잘 이해되고 활용되어야 한다. 이해된다는 것이 소비자의 건축수준에 맞추어야 한다는 것은 아니다. 기능에서 친근감과 만족감을 주되 형태에서는 지적으로 어필하고 절제된 감성으로 다가갈 수 있게 하는 것이다. 마산노인종합복지관은 냉정한 지성 속에 따뜻한 감성을 품은 그러한 건물이었다.

〈마산노인종합복지관〉
마산노인종합복지관은 흔히 전화국 광장이라 부르는 KT 마산지점 건너편 블록 안쪽에 있어 통과도로에서는 잘 보이지 않는다. 3.15 회관을 철거, 이전하고 그 자리에 지었다.

(필자 : 김태중)

예술공간에 3·15정신을 담다 ... 3·15아트센터

공연장과 전시실의 결합이 주가 되는 문화시설은 건축설계 장르 가운데서 가장 고급에 속하는 건축이다. 여기서 고급이라 함은 공사비는 물론 형태와 공간 속에 내포된 개념과 상징, 그리고 그 장소적 역할에까지 의미를 부여할 수 있는 건물이어야 한다는 뜻이다.

20여 년 전부터 전국 곳곳에 많은 문화시설이 세워졌다. 소도시와 읍 소재지까지 오케스트라 피트와 회전무대까지 갖춘

| 광장에서 본 3·15 아트센터 정면 중앙부 |

공연장이 들어섰지만 기껏 기념식이나 하면서 일 년에 수억씩의 관리유지비를 지출하고 있는 곳이 많은 것은 우려하지 않을 수 없는 일이다. 문화시설은 우리의 정신을 고양시켜 문화수준을 높이고 지역의 문화발전에 공헌해야 할 사명을 띠고 지어졌지만 고급문화의 생산자와 소비자 사이의 괴리가 크고 이를 향유할 만한 계층이 엷은 탓에 제 역할을 충분히 하고 있다고 보기는 어렵다.

3·15 아트센터에 가 보았다. 3·15와 아트가, 민주항쟁과

예술이 결합한 형태 이미지가 어떻게 표현되었는지 궁금하였다. 겨울 평일 오전 11시의 아트센터에는 아무도 없었다. 광장에도 로비에도.... 커피숍에는 셔터가 내려져 있었고 전시관은 자전거 묶어두는 비닐커버의 쇠사슬로 잠겨 있었다. 건축가들은 좋아하지만 관리자들은 싫어하는 광장 가장자리의 수공간은 바싹 말라 있었고 그날의 함성을 '데자뷰' 하기 바라며 넓게 잡았다는 40m 폭의 광장엔 자동차 소음만 가득하였다.

3·15 아트센터는 신포동의 3·15 회관이 노후화로 훼철됨에 따라 더 넓은 장소로 옮겨 더욱 자랑스러운 공연장을 만들자는 마산 시민의 염원을 모은 것이라 한다. 3·15 시민항쟁을 기리기 위하여 '3·15 아트센터' 라 명명했고 이름뿐만 아니라 작품에도 3·15 정신이 표현되기를 바랐다고 한다. 하지만 3·15 정신은 민주항쟁의 추모와 표현이 아닌 과다한 건축 프로그램으로 나타났다. 차라리 3·15와 고급문화시설에 대한 시민적 욕구는 분리되어야 했다.

매스와 면적으로 치환된 3 · 15 정신을 담기에 3 · 15 아트센터 부지는 너무 작았다. 대로와 뒷산 사이의 좁고 긴 부지는 아트센터의 건축프로그램을 수용하기엔 턱없이 좁았다. 그리하여 배치축은 대로에 길게 면하면서 접근축은 대로와 평행할 수밖에 없는 이상한 배치가 되어버린 것 같았다. 그 결과 대지 남동쪽에 소공원을 두게 되었고 광장의 동선도 건물로 향하는 것이 아닌 건물을 스치는 형태가 되어 버렸다. 대지의 얕은 안 깊이로 인한 가로변의 소음과 무질서한 경관의 침투를 막는 필터로서 전시동은 외딴섬처럼 대로변을 따라 배치되었고 대로에서 보는 3 · 15 광장은 전시동 벽체 하부의 화강석 마감재로 막혀 있었다.

광장에서 소공연장과 대공연장을 바라보았다. 둘 사이는 유리벽의 로비로 연결되어 매스의 부담을 완화시키고 있었다. 대공연장은 투명한 철골유리로 현대적 느낌을 들게 했고 소공연장은 목재마감으로 자연을 닮도록 하면서 대공연장의 매스와 대비시키고 있었다.

3·15 아트센터는 과다한 건축프로그램을 부적절한 대지조건에 담기 위하여 여러 가지 설계기법을 적용하였다. 전시동을 광장으로 나누고 대공연장과 소공연장의 볼륨은 스페이스 프레임으로 공중에서 연결하고 여기에 조형성을 부여하기 위하여 원통형 매스와 외부계단을 붙이는 수법들이 동원되었다. 3·15 정신은 로비의 부조와 지면보다 높고 넓은 광장으로 치환되었지만....

인간의 존재는 실존적 공간의 창조, 즉 주변 환경에 자신을 투영시켜 그 대상을 의미 있게 만드는 작업에 의해 규정된다고 한다. 3·15 아트센터에 투사된 건축적 실체는 이 시대 우리의 실존적 의미가 무엇인가를 침묵으로 나타내고 있었다.

〈3·15 아트센터〉
3·15 아트센터는 석전사거리에서 마산종합운동장으로 내려가는 광로 우측의 반월산 기슭에 위치하고 있다.

(필자 : 김태중)

미술관은 박물관, 동물원, 백화점 등과 함께 근대이후 대중사회의 산물이다. 왕족과 귀족만이 예술을 독점하였던 시대에서 일반대중이 예술의 소비자에 포함될 수 있게 된 것은 빛나는 근대사회의 업적이다. 신분계급으로부터, 종교적 구속으로부터, 관습과 차별의 굴레로부터 그리고 그야말로 경제외적 모든 구속으로부터 해방된 대중 근대사회의 도래가 김해의 한적한 시골에까지 미술관의 설립을 가능케 했다면 역사를 너무 멀리까지 거슬러 오르는 건가?

하지만 예술의 대중화에 반기라도 들 듯 예술은 점점 어려워지고 미술관은 대중이 없는 곳을 찾아 세워지는 추세를 어떻게 이해해야 할지?

클레이아크란 흙(Clay)과 건축(Architecture)의 합성어로서 흙과 건축의 결합을 표방하며 건축과 도자의 만남을 지향하는 공간으로 현대도자의 새로운 가능성을 제시하고 건축도자의 발전을 주도하는 세계 최초의 미술관이라고 한다.

글쎄, 흙과 건축의 결합이라면 북아프리카 말리의 진흙 모스크에서 본 것 같은 그러한 것인가 했더니 그건 아닌 것 같고 철근콘크리트 구조체의 외벽 마감재료로 도자, 즉 타일을 붙였다는 의미 같은데.... 그렇다면 그건 기원전 3000년의 메소포타미아 건축에서부터 있어온 일이 아닌가?

작가의 예술적 혼이 들어간 도자 작품이라면 소량 생산되는 예술품일 것인데 어떻게 건축도자의 발전을 주도할 수 있을까? 건축도자란 도대체 무슨 뜻일까? 새로운 마감재를 말하는 건가? 새로운 마감재를 붙였다고 건축과 결합할 수 있는가? 건축은 형태와 공간을 구현하는 3차원 예술이라는데 2차원 평면인 마감재가 건축과 결합한다니?

어지러운 몇 가지 의문을 안고 클레이아크 김해미술관을 찾았다. 완만한 산자락의 경사에 영역을 한정하는 입구의 게이트와 매표소, 그리고 이와 직각으로 붙은 사무실과 도자판매소가 있었고 물레를 상징했다는 원통형의 전시관이 주 매스를 이루었다. 언덕 위에는 현대적 디자인의 체험관과 연수관이 자리하였으며 오벨리스크 형태를 본 딴 클레이아크 타워가 서 있었다.

| 클레이아크 김해미술관 측면 전경 |

　　주 건물인 전시관은 가야 토기의 선과 분청사기의 빛과 가
야 도공의 혼을 형상화하였다고 하는데 도자기 제작의 복잡한
과정을 은유하는 쪽으로 조형적 형태가 정리되었다고 한다.
전시관의 원형은 물레 위에 올려진 도자기의 은유이기도 하겠
지만 평지와 경사지의 결절점에 놓을 수 있는 상징적 형태로
써 전면 공지는 진입공간으로 비우고 배면의 경사지는 1층에
서부터 출발하는 램프를 2층을 거쳐 경사지 상부로 연결하기
에 가장 적절하였던 것으로 보였다.

　　도자전시관의 외부공간과 내부공간은 게이트, 광장, 회랑,
중정, 상징 공간, 계단, 램프 등 다양한 공간이 열리고 닫히면
서 연출되는데 이는 수비, 토련, 성형, 조각, 초벌구이, 시유,
재벌구이로 이어지는 도자기 제작과정을 건축적으로 해석하
여 표현한 것이라 한다. 하지만 그렇게 깊은 공간적 의미를 대
중들이 쉽게 알아차릴 것 같지는 않았다.

클레이아크 김해 미술관 전시관 내부 로비

전시관은 두 개의 동심원 사이에 끼인 강제순로 방식이어서 기능적으로 효율적으로 보이지는 않았으며 또한 최초의 계획과 다르게 변경되어 충분한 전시공간을 확보할 수 없었기에 외벽 전시기능에 중점을 두고 변화되었다고 한다.

클레이아크 김해 미술관의 전시관 외벽은 총 5,000여 장이 도자 타일로 마감이 되어 있다. 타일이라면 대개 물을 사용하는 내부공간의 마감재료로 인식되어 있지만 최근에는 공동주택의 단지별 입구나 문화, 상업 공간의 인지성을 높이기 위한 장식벽으로 제안되기도 한다. 그런 점에서 타일의 색상이나 도안, 형태 면에서 다양한 방식이 시도되고 있는 추세이다.

한 장 한 장 제작된 도자 타일은 기존의

클레이아크 김해미술관 체험관과 연수관 전경

습식 공법과는 달리 알루미늄의 프레임에 걸어두는 간단한 건식공법으로 마무리 된다. 이 점은 건물의 유지, 보수 측면에서도 외벽에 손상을 주지 않는 장점이 되는데 클레이아크 김해 미술관 측은 건물외벽에 미술관 제1호 소장품을 전시하고 있다고 설명한다. 건축물에서의 입면은 고정된 것이라는 상식을 깨고 도자가 건축에 있어 부분적인 재료가 아닌 과학의 기술로 인해 구심적인 역할로 기능할 수 있도록 해주었다며 건축에 있어 예술의 결합은 이미 많은 가능성들을 보여주고 있다고 한다. 알루미늄 프레임에 타일이 걸려 있게 되므로 건물의 옷을 갈아입히듯 도자 타일의 위치와 구성을 바꾸는 일도 가능해진다고 한다. 이는 의도에 따라 전시 내용을 바꾸는 일이 된다.

외벽 마감재료인 도자 타일붙이기와 건축을 혼합하여 그럴듯하게 풀어내는 이러한 설명은 언뜻 이해가 될 듯도 하였다. 하지만 당초의 의도는 그랬을지 몰라도 현재의 도자는 외벽에 본드로 단단히 접착되어 있어 도자 타일의 위치와 구성을 바꾸기는 불가능해 보였고 이에 따라 건축과 도자예술의 결합도 어려워진 것 같았다.

제작된 도자 타일의 5,000여 장 모두 다른 색으로 조합되어 있으며 조금씩 다른 패턴을 갖는다. 그리고 사선방향으로 나뉘는 면 분할은 클레이아크 김해 미술관의 이념과 비전을 상징하는 것이라고 설명되기도 한다.

클레이아크 타워는 미술관의 랜드마크로서 멀리서도 잘 보이게 높이 세웠다고 하지만 사실은 잘 보이지 않아 본래의 기능에는 미흡하지만 언덕 상부 공간의 구심적 존재로서 진례

평야를 아우르는 경관적 축의 역할을 하고 있었다.

건축은 종종 건축의 상징성에 대한 발주처의 과다한 요구에 밀려 작가의 의도가 변형되고 왜곡되기도 하지만 이것이 우리 시대에 갑자기 시작된 일은 아니다. 옛날에는 왕과 귀족과 성직자에게, 현대에 들어서는 권력집단과 자본가에게 부대끼고 조금, 아주 조금 남는 그 작은 자율의 틈바구니에서 찬란한 작품을 남겨 예술적 기상을 드높였던 건축역사를 생각하며 클레이아크 김해 미술관을 나섰다.

〈클레이아크 김해미술관〉
클레이아크 김해미술관은 남해고속도로가 달리는 진례들판 서쪽 비음산 산자락의 나트막한 구릉에 자리잡고 있다. 진례 톨게이트를 나와 1042번 지방도를 따라가면 5분 정도의 거리이다.

(필자 : 김태중)

공간건축의 장세양이 설계한 김해박물관은 가야 탄생의 발원지인 구지봉의 지기가 해반천으로 뻗어 나오는 길목에 위치하고 있다. 구지봉은 동쪽 허왕후 능을 몸통 삼아 목을 길게 내뺀 거북이 머리가 되는 것이다. 이 지세는 거북이가 해반천으로 내려가는 형상으로 해석되는데 거북이가 내려가는 길목 가운데 검은색의 웅장한 건물을 세웠고 더구나 초입에는 기개도 장대한 검은색 지주를 높다랗게 꽂아 둔 것이다.

이게 알려지자 당연히 항의가 나왔다. 거북이가 해반천을 향해 가는데 하필 그곳에 높다란 말뚝을 박아 방해하느냐, 검

| 국립김해박물관 전경 |

은색 벽돌이 너무 어둡고 기분 나쁘다는 식의 소박한 항의였다. 이에 대하여 가야는 철의 나라이고 철을 검은색으로 표현한 것이라 둘러대서 봉변을 면했다고 들었다. 물론 구지봉 자락이 문화의 거리까지 내려뻗어 검면에는 주차장 부지조차 없어 건물이 올라갈 수밖에 없었겠지만 가야의 상징인 구지봉의

눈에 해당하는 곳에 이렇게 거대한 구조물을 앉혀야만 했던 것인지… 외형적으로 지세순응적인 건물을 설계할 수는 없었던 것인지…

이리하여 "거북아. 거북아. 머리를 내밀어라. 만약 내밀지 않으면 구워서 먹으리라"는 고대인의 주술적이고 상징적이며 직설적인 표현양식은 긴 시간의 켜를 통과해 김해박물관의 검은 전벽돌과 녹 입은 코르텐 철판으로 나타났다.

국립김해박물관은 구지봉과의 관계를 생각하지 않는다면 형태가 둥그렇게 말아졌으므로 모나지 않으면서 외형이 웅장하고 폐쇄적인 둥근 회랑이 둘러쳐 있어서 박물관 안에서 볼 때는 자신만의 독자적 공간을 확보하고 있다.

박물관은 전시된 유물을 통하여 시간을 회귀하여 과거와 현재를 동시에 보여주며 미래에 대한 비전을 제시한다. 과거 유

물에 대한 이해는 일반인들에게 쉽게 접근하기 어려운 문제일 수 있으므로 과거를 어떻게 해석하고 현재를 어떻게 표현하느냐 하는 시간적 측면의 고려가 관건인 셈이다. 이에 따라 설계자는 김해박물관의 시간과 장소의 영역성을 상징하는 울타리로서 원형 모티브를 도입하였다. 시간과 장소의 경계인 원형의 울타리를 통과하게 되면 과거로의 회귀를 위한 과정적 공간인 내정, 빛을 통해 현재와 과거를 동시에 만나는 박스형 광정, 그리고 공간의 연속성은 문화적 체험을 더욱 상승시켜준다는 것이다. 전시장을 관람하는 도중에 느끼게 되는 자연의 빛은 현재 안에서 현재의 존재물로서의 과거의 유물을 만나게 해주는 것이다.

하지만 설계자의 이러한 건축 의도는 최근 박물관 측에 의하여 완전히 반전되었다. 출구가 입구가 되고 입구가 출구로 바뀐 것이다. 설계자가 의도한 과거로의 회귀를 위한 과정적 공간은 그저 멀고 지루한 공간이었고 보이지 않는 입구를 찾아야 하는 미로일 뿐이었다. 이는 어떤 측면에서 보면 설계자의 일방적 독단이었을 수도 있었겠다는 생각이 든다. 입구의 명료성은 관람자에게는 오랜 기간 익숙해져 온 문찾기 방식인데 여기에 설계자의 심오한 뜻은 잘 통하지 않았나 보다.

원형의 도형과 그 안에 있는 사각형의 도형이 만들어내는 공간의 켜는 이중적 성격을 갖고 있다. 하늘은 둥글고 땅은 네모지다는 천원지방(天圓地方)의 고대로부터 내려온 자연관의 반영일 수도 있겠다. 원초적인 자연관에 따라 원과 사각형이 만나고 남은 바깥 부분은 외부공간으로서 하늘이 열리고 진입 어프로치는 이 공간을 따라 둘러진다. 하지만 전시동의 벽과 원형 회랑에 의해 한정됨으로써 이 공간은 단지 비어 있는 외부공간이 아니라 내부공간으로서의 성격과 기능을 가지는 내적 외부공간이 된다.

김해박물관의 둥근 울타리와 그 내부에서 솟아오르는 박스형 광정은 시간의 경과를 스스로 표현해 나아갈 것이고 코르텐 철판의 변화는 곧 현대문명을 비추는 고대문화의 깊이로 나타날 것이다.

〈국립김해박물관〉
국립김해박물관은 가야유적이 밀집한 '김해문화의 거리' 끝자락에 입지하고 있다. 박물관 앞을 흐르는 시냇물이 해반천이며 박물관 뒷산이 구지봉이다. 구지봉은 김수로왕을 비롯한 6가야의 시조 왕들이 태어났다는 전설의 현장으로 가야문화의 출발지이자 고대문학의 중요서사시인 '구지자'가 남아 있는 곳이다.

(필자 : 김태중)

가야문화의 회전력 … 대성동 고분박물관

대성동 고분박물관은 너무 낮았다. 아니, 주변건물이 너무 높았다. 설계조건에 신축 박물관의 높이가 가까이 있는 대성동 고분군 능선의 실루엣을 방해해서는 안된다는 것이었다고 한다. 하지만 능선은 전혀 의식되지 않았고 배면의 고층 아파트가 스카이라인을 압도하고 있었다.

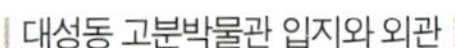

| 대성동 고분박물관 입지와 외관 |

설계자는 고분박물관의 지붕 용마루가 실루엣을 망칠까봐 각진 네모도 아니고 개성적인 원형도 아닌, 안으로 감겨드는 원추형 세포처럼 유선형 타원이 '해반천과 축을 틀어서 자벌레처럼 달리고 있는' 형태를 추구했다지만 고층 아파트 앞의 유선형 자벌레는 갈 길을 잃은 것처럼 보였다.

마산 양덕성당처럼 독립된 오브제로서의 성격이 강한 이 건물은 역시 그에 맞는 자리에 앉아야 했다. 그렇지 못한 경우 빛나는 보석은 작고 기묘한 돌멩이가 되어버리고 만다. 김해가 자랑하는 '문화의 거리'는 그 가운데 자리한 현대 한국의 대표적인 주거유형으로 말미암아 어수선한 '혼돈의 거리'가 되고 있었다.

'문화의 거리'에서 본 대성동 고분박물관 외관

김해박물관의 지척에 또 무슨 박물관인가 하는 의문은 유물 중심의 김해박물관과 구별되는 가야문화사의 교육관적 성격을 띠고 있다는 설명으로 해소되었다. 가야는 철의 왕국, 특이한 디자인의 도기로 널리 알려져 있었다. 일찍부터 질 좋은 철을 생산하여 이웃나라 일본, 낙랑, 심지어는 중국까지 교역을 했다고 하며 가야 고분에서는 디자인이 특이하고 질도 우수한 가야도기가 많이 출토되었다고 한다.

대성동 고분박물관은 간결하고 통일된 형태 이미지였다. 타원형 매스를 사선으로 자르고 지붕 물매를 안과 밖 양쪽으로 몰았다. 구지봉 앞의 김해박물관이 우뚝한 남성적 이미지라면 대성동 고분박물관은 안으로 감긴 여성상을 나타내고 있었다. 김해박물관이 내정을 회랑으로 둘러싸서 커다랗게 설정한 것과는 달리 여기서는 건물 안에 조그만 빛 우물을 만들어 내부공간의 절정을 구축하면서 지붕 상부까지 뽑아 올려 조형요소로 삼았다. 둥근 벽체 둥근 지붕은 모가 없어 주변 공간에 위계를 설정하지는 않지만 대신 강력한 회전력을 유발한다. 건물은 고분군 모퉁이에 배치되어 회전력을 갖더라도 무방하지만 내부공간으로 구성되는 2개의 원은 내부공간에 커다란 집중력과 강력한 회전력을 갖고 있다.

| 대성동 고분박물관 전시실 집성목 천장 |

주출입구의 작은 쌈지 마당은 매개공간이다. '매개'라는 개념은 성격이 서로 다른 영역 사이의 날카로운 단절을 완화하는 열쇠다. 여기에 빛을 들이고 콘크리트의 차가움을 중화하는 집성목 지붕구조를 올려 전통건축의 공간적 느낌을 은유하였다. 전통적 형태 표현을 강요받기 쉬운 박물관 건축에서 지붕처마선 태극문양 도자기 곡선의 유혹에 빠지지 않고 이를 공간의 메타포로 표현하기는 무척 어려운 일이다. 지붕은 무광택 티타늄 골지붕을 올려 해반천의 갈대지붕을 연상케 했는데 전체적인 매스와 잘 조화되며 동시에 외벽의 열주를 상부에서 통합시키는 요소로 작용하고 있었다.

　대성동 고분박물관은 역사적이고 추상적인 형태 이미지에서 추출한 조형요소를 현대건축의 기법으로 해석한 수작으로서 명료하고 합리적인, 그러면서도 전통과 연결되어 있는 디자인이 마음에 남았다.

〈대성동 고분박물관〉
대성동 고분박물관은 봉황동 유적과 함께 '김해문화의 거리'의 시작점에 해당된다. 고분박물관 뒤쪽의 언덕이 대성동 고분군인데 여기서 가야의 풍성한 철기문화와 강력한 기마군단을 입증하는 많은 유물이 출토되었다.

(필자 : 김태중)

인지적 랜드마크와 지형의 켜 ... 김해시 장애인종합복지관

　이탈리아의 건축사가 S. 기디온은 건축공간의 발전단계를 구분하여 공간감을 외부로 방사하는 시대, 내부공간의 시대, 내외부 공간이 상호 교류하는 시대로 나누었다. 김해시 장애인종합복지관의 매스는 주변으로 공간감을 방사하면서 중정은 외부공간과 상호 교류하고 있다.

　이는 먼저 대지에 대한 탁월한 해석에서 출발하고 있었다. 건물이 혼자 서있지 않고 지형의 일부가 건물이 되고 건물이 들어선 후에도 이용자가 지형을 기억할 수 있을 것 같았다. 건물이 땅과 만나 그 땅이 가지고 있었던 가능성이 드러나게 될 때 땅은 건축행위를 통해 재발견된다. 물론 이는 이를 알아보는 건축가를 만났을 때에만 가능하다. 땅을 들어 올려 공간을 만들고 원래의 지형과 동선은 계속 남게 해주는 방법이다. 이는 여러 가지 건축 요소들에 힘입어 가능하다. 즉, green Layer, circulations, orientation, dialogue with urban 등.

| 김해시 장애인종합복지관 전경 |

지형에 따라 실내외가 연결되고 그 공간의 중심에 커뮤니티를 위한 마당이 자리 잡는다. 이 마당은 장애인과 비장애인이 교류하여 장애인의 사회적응을 돕는 장소다. 20세기 복지국가의 시대에 들어 장애는 더 이상 천형(天刑)이 아니게 되었다. 누구나 언제라도 장애인이 될 수 있고 장애는 치료와 훈련으로 극복할 수 있다는 믿음에서 나온 정책은 장애인의 격리가 아니라 사회와의 융합과 화합을 그 전제로 한다.

| 김해시 장애인종합복지관 피로티와 중정 구성 |

건축은 여러가지 재활 프로그램을 담아주는 그릇을 제공하고 장애인과 일반인이 함께하는 공간을 만들어 줌으로서 장애인을 도울 수 있다. 이러한 공간은 일단 흥미가 있어야 한다. 아늑하고 편리하고, 멀리서 봐도 우선 기분이 좋아지는 시각적 랜드마크가 요구된다. 외부로 뿜어내는 시각적 조형요소와

중정이 가지는 인지적 랜드마크가 장애인들의 재활을 위한 김해 장애인종합복지관의 건축적 개념이다.

김해시 장애인종합복지관의 형태는 그간 장애인 시설이 갖고 있었던 치료소나 '인스티튜트(Institute)'의 개념을 탈피하여 시각적인 즐거움을 가질 수 있도록 소규모 갤러리나 작은 공연장의 매력을 갖고 있다. 이에 따라 목재 루버로 된 외장 디테일은 재료간의 질서를 보이며 공간의 연계도 함께 표현되어 있다.

장애인종합복지관의 건축적 완성은 램프에서 더욱 빛난다. 가장 완만한 수직동선인 램프는 공간적 커뮤니케이션의 실질적이며 방법적인 표현이다. 램프는 항상 중앙 마당과 함께하며 마당을 수평·수직적 내용으로 감싼다. 이러한 램프는 지형에 켜를 새기며 후면의 오솔길까지 연장된다. 오솔길은 건물을 휘감으면서 중앙의 교류 마당에서 시작하여 옥상정원까지 전체를 한데로 모으는 디자인 요소로 발전한다. 램프를 이용한 배치계획이 수평·수직의 동선적 개념이라면 주변 공원과는 좀 더 큰 스케일의 시각적 대화가 시작된다. 공원 측에 면한 대강당의 대규모 공간을 공원에서 상호의 공간이 중첩하도록 한다. 펼쳐짐과 끌어안음을 통한 촉각에서 시각으로의 스케일 변화이다. 건물은 때때로 일반인들에게까지 주변 공원을 산책하다가 자연스럽게 건물의 옥상정원도 오르고 산책 후 차 한잔을 나눌 수 있는 공간을 제공한다. 장애인들에 대한 선입견이 없어지기 위해선 서로가 자주 만나야 한다. 일반인과 장애인의 동일공간에서의 교류는 서로의 이해를 돕고 편견을 좁힐 수 있다.

| 김해시 장애인종합복지관 내부 복도 |

　김해시 장애인종합복지관은 이미 알려진 건축구성요소와 건축설계기법을 새롭게 해석하여 장애인 시설에 대한 기존의 고정관념을 조용히 타파하고 있으며 역사적으로 구축되어 온 공간개념을 효과적으로 정리하여 지역사회의 신선한 랜드마크로 자리하고 있었다.

〈김해시 장애인종합복지관〉
김해시 장애인종합복지관은 김해북부지구 삼세통 동쪽 산기슭에 입지하고 있다. 시민체육공원과 가야대학교 사이의 조용한 공원지역이다.

(필자 : 김태중)

4

남해안 지역

고성군 보건소
마음이 가난한 자들을 위한 성당(천사의 집)
거제문화예술회관
통영수산과학관
사천시청사
힐튼 남해골프 & 스파 리조트

경영위치의 보건소 프로젝트를 찾아서 … 고성군 보건소

확실히 편견이겠지만, 대체로 유명건축가들의 작품이 개인주택이나 문화관, 미술관, 관공서 등에 집중되어 있는 점을 감안하면 김승회, 강원필이 고성군 보건소를 설계했다는 점은 다소 독특하다. 그래서 작품을 접하기 이전에 이 프로젝트의 연원에 대해 먼저 이해할 필요가 있다.

고성군 보건소는 이미 잘 알려져 있는 바와 같이 김승회, 강원필이 1995년 설립한 건축사사무소 경영위치의 보건소 연작 프로젝트 중 하나이다. 경영위치(經營位置)는 미술의 한 용어로써, 동양화에서 필세의 조합과 물상의 배치를 적절하게 해야 한다는 뜻이다. 개별 건물이 지니는 작품으로서의 중요성보다, 건물이 주변과 맺는 관계에 보다 집중하겠다는 건축가의 선언인 셈이다. 경영위치는 사무실 개소 직후에 그 누구도 주목하지 않았던 보건복지부 표준설계 공모전에서 당선되어 보건소 등의 표준설계안을 작성하게 된다. 처음에는 경영위치에서 마련한 표준설계안을 토대로 각 지자체들이 지역의 설계사무소를 통해 설계를 진행하다가, 일부 지자체에서 경영위치에 설계를 의뢰하기도 하였는데, 이것이 이른바 경영위치의 보건소 연작 프로젝트의 출발점이 된다. 특히 이는 건축가 김승회의 개인적 기억과 특별히 맞닿아 있는 부분이기도 하였다.

"어머니가 간호사셨어요. 보건소는 어머니가 계신 곳이었죠. 주말근무라도 하시는 날엔 보건소에서 함께 시간을 보냈어요. 제게는 포근하고 아늑한 기억을 가진 공간이에요." (네이버캐스트, 건축가 김승회, 2009.01)

이렇게 출발한 보건소 연작 프로젝트는 고성군을 필두로, 포항시 남구, 홍천군, 당진군 등을 거쳐 2007년 정선 보건소를 끝으로 마무리된다. 경영위치에서 진행한 보건소 프로젝트들은 표준모델안에 기반을 두고 공사비를 최대한 절감하면서, 동시에 공공시설로서의 가치를 극대화할 수 있도록 건축가의 아이디어가 절실히 요구되었다. 대체적으로 공사비 절감을 위해 실의 세분화를 피하고, 로비와 대기실을 합치는 등 공용공간에 대해 많이 배려했다. 고성군 보건소도 바로 이러한 맥락에서 탄생한 작품이며, 특히 보건소 연작의 초기작으로 갖는 위상이 더욱 크다. 따라서 작품으로서 고성군 보건소를 이해하기 위해서는 경영위치의 보건소 연작 프로젝트에 대한 이해가 동시에 이루어져야 한다.

경영위치는 공공시설로서의 새로운 비전을 담고 있는 보건소를 만들기 위해 네 가지 특징을 부여하였다. 첫째는 건강한 시민을 위한 공간으로서의 보건소이다. 보건소가 저소득층이나 노약자들을 위한 시설이라는 편견을 극복하고 일상적으로 건강을 검진하고 지역 주민들의 쉼터가 될 수 있는 보건소로 기획하였다. 둘째는 예방과 교육 중심의 보건소이다. 이를 위해 교육공간으로 활용될 수 있는 다목적실을 설계하거나 때로는 공용공간의 일부를 활용하였다. 셋째는 지역커뮤니티로서의 보건소이다. 진료만 받고 끝나는 공간이 아닌, 보건소 내에서 다양한 교류가 가능하도록 기획하였다. 넷째는 기능을 효율적으로 배치하고 공용공간을 강화한 보건소이다. 앞서도 언급되었듯이 이는 공사비 절감을 위해 자연스레 도출된 설계과제이기도 하였다. 가령 오피스 부문에 적용된 오픈플랜 방식은 업무의 효율성을 도모하면서 공사비도 절감할 수 있었다.

| 단순한 상자형 매스에 돌출된 발코니와 적삼목 및 유리가 건물의 표정을 자아내고 있다. |

고성보건소는 초창기 프로젝트답게 이러한 경영위치의 보건소에 대한 애정이 잘 드러난 작품이다. 부지는 과거에 채토장이었던 곳으로 고성군이 이곳에 노인복지타운을 조성하기로 한 일환으로 보건소가 들어서게 되었다. 흙을 모두 채취하고 난 후 남은 경사지를 활용해야 했는데, 부족한 공사비와 협소한 대지면적, 정면이 북향이라는 점은 프로젝트를 더욱 어렵게 만든 요소였다고 건축가는 밝히고 있다. 경사지는 사실 건축가의 설계개념을 창의적으로 펼치기에 좋은 부지조건이지만, 그것도 사실은 충분한 공사비가 전제되어야 가능한 일인 것이다. 따라서 경사지를 따라 기초를 앉히고 그 위에 박스형 매스를 앉히는 일은 필연적인 귀결이었을 터이다. 매스의 단조로움을 보완하는 것은 노출콘크리트와 적삼목, 타일이 서로 조화된 입면의 패턴이다. 정면부는 테두리와 발코니가 돌출되어 있어 입체감을 더해주고, 여기에 적삼목과 유리가 경쾌한 분위기를 창출하고 있다. 답사를 갔을 때에는 돌출된 발코니에 플래카드가 걸려 있어 다소 아쉬움이 남았지만, 건축과 옥외광고물의 충돌이 어디 하루 이틀된 일은 아닐 터이다. 노출콘크리트가 주를 이루는 좌측면은 소나무와 멋지게 어우러져 마치 노출콘크리트라는 캔버스 위에 소나무를 그려놓은 듯하다.

경사지라는 장점을 이용해 진입부에 램프를 도입함으로써 노약자와 장애자를 고려할 수도 있었다. 정면이 비록 북향이긴 하지만 전망만큼은 매우 훌륭해 고성 읍내의 풍경이 시원하게 펼쳐진다. 보건소에 들어가는

이들은 등 뒤에 펼쳐진 이 전망을 미처 인식하진 못하겠지만, 진료를 마치고 돌아가는 주민들이 이 진입부의 전망을 천천히 즐기며 가는 모습은 절로 그려진다. 실내로 들어서면 1, 2층이 탁 트인 내부구조로 인해 처음 방문해도 한눈에 보건소 내부 구조를 파악할 수 있다. 건물 내의 가장자리를 한 바퀴 돌며 2층으로 진입하면서 건물 내부의 풍경과 외부의 풍경을 동시에 체험하게 된다. 천창을 통한 자연채광으로 인해 낮에도 실내가 밝다. 공사비 절감이 주된 과제이기도 했지만, 제한된 조건 내에서 채광이나 기둥의 배치를 통해 건축가의 어휘를 표현

196

해 내고 있다. 특히 2층 소장실 측의 작은 복도는 오브제로서
의 기둥, 천창을 통한 채광과 인공조명의 조화, 색채의 대비를
통한 공간감의 창출 등 흥미로운 요소가 많은 곳으로 건축가
의 개성이 집약되어 있다.

경영위치의 보건소 연작 중에서 고성군 보건소는 가장 적은
공사비를 사용하였다는 기록을 남겼다. 또한 건축가가 밝히기
에 건축주와 시공자의 협조가 매우 컸던 프로젝트였다고 한
다. 우리 지역에도 경영위치의 보건소 프로젝트 중 하나가 존
재한다는 사실에 매우 뿌듯해진다.

〈고성군 보건소〉
고성군 보건소는 고성군 시내를 중심으로 남서쪽 외곽에 있다. 남
포로를 따라 고성군청에서 남쪽으로 약 400m 지점에서 만림IC(통
영, 진주)방면으로 우회전하여 450여m를 더 가게 되면 왼쪽으로
고성군 보건소를 찾을 수 있다.

(필자 : 조형규)

유일을 위한 공간 ... 마음이 가난한 자들을 위한 성당(천사의 집)

본 성당은 정신박약아 및 노약자들을 위한 시설로서 계획되었으며, 고성군 마암면의 예수의 작은 마을에 위치하고 있다. 성당건물은 주변의 산세가 좌우로 감싸고 있어서 배경처럼 작용하고 있으며, 진입로에서 바로 보이는 약간 경사진 대지위에 배치되어 있다. 성당의 정면은 동쪽으로 향하도록 하여 접근성과 인지성을 높일 수 있도록 하였다. 전면에는 마당 역할을 할 수 있는 정원을 조성하고, 대지의 왼쪽에는 숙소동을 위치시켜 성직자들이 일상과 종교의식을 구분하여 생활을 할 수 있도록 하였다. 또한 성당공간 앞 보행로 주변에는 외래 방문객들의 차량을 주차할 수 있는 공간을 조성하여 성스러운 공간과의 자연스러운 분리를 유도하고 있다. 특히 성당을 산으로부터 흘러내리는 경사지의 중간부에 위치시켜 자연이 만들어내는 스카이라인과 건축물이 만들어내는 스카이라인의 대조적 아름다움을 느낄 수 있다.

전체적으로 지상 1층의 예배공간과 지하 1층의 사교공간으로 구성되어 있다. 영역적으로는 외부–진입부–홀–예배실–지성소의 단계로 구성하고 있다. 설계자는 본 성당의 설계를 다음의 전제조건과 구성원리에서 출발하였다고 한다.

자연이 만들어내는 스카이라인과 건축물이 만들어내는 스카이라인의 대조적 아름다움을 느끼며, 진입로의 맞은편에 배치함으로써 접근성과 인지성을 높일 수 있도록 배려되었다.

첫째, 소규모의 내·외부 공간을 시각적으로 가장 극대화할 수 있는 볼륨과 강렬한 매스의 이미지를 전달할 수 있는 조형을 추구. 둘째, 순수 기하학적 입체의 고전적 원형-삼각추와 원통-을 기하학적 도해에 의한 부가적 구성기법으로 상호대비의 극적인 공간감각을 유도. 셋째, 종교적 상징성과 실존공간의 구현, 실존적 가장 핵심적인 매체는 상징공간(성과 속)과 빛과 그림자의 대비이다. 이 상징공간은 물질세계, 정신세계, 영원의 세계로서 세개의 동심원의 영역으로 구분된다. 현실세계에서 심연의 가교를 건너 정신세계의 문턱을 밟으면서 구심성의 1차공간을 체험한 후 2차공간으로 신입하면서 확산, 전개되는 공간감응은 침묵에서 빛으로, 즉 3면의 최정점에서 영원의 세계로 승화될 것이다. 따라서 실존공간은 마음의 장소이며, 마음이 가난한 사람은 이곳에서 만나게 되고, 그들의 마음과 마음은 영원의 세계와 일치하게 된다.

순수 기하학적 입체의 고전적 원형을 기하학적 도해에 의한 부가적 구성기법으로 상호대비의 극적인 공간감각을 유도하였다.

출입구에서 바라본 지성소의 모습

신도석 후면부의 출입구 주변은 유리블록을 통하여 채광이
이루어진다.

삼각뿔 형태의 입방체형태로 구성된 성당내부 공간의 성스러
움과 경외감을 강화시켜주도록 구성된 천창 채광부의 모습

설계자가 설계의 구성원리에서 언급한 바와 같이 성당의 예배공간은 작지만 종교적 공간으로서 갖추어야 할 성스러움과 음영의 대비를 통한 내부공간의 통일성을 창출하고 있으며, 삼각형으로 구성된 평면의 기도공간을 상부의 천창채광을 통한 확산광이 부분적으로 들어오게 함으로써 내부공간의 집중성을 더욱 강화시키도록 하였다. 기독교의 삼위일체 정신은 영원의 질서와 의미가 부여된 실존공간에서 구현될 수 있을 것이다.

본 성당은 평면의 형태에서 결정된 삼각형의 형태를 입면에서도 그대로 드러나게 한 의도를 엿볼 수 있으며, 이러한 결과는 주변의 산과 하늘이 맞닿아 만들어지는 스카이라인과는 대조적 의미로 다가오며 종교공간으로서의 하늘을 향하는 상징성은 더욱 강해진다. 게다가 마감재료로는 예배공간 부분을 적벽돌로 마감하고 콘크리트 구조체 부분도 적벽돌과 조화되는 유성페인트마감으로 처리함으로써 전체적으로 통일된 분위기를 형성하고 있으며, 예배공간의 본질에 충실한 입면을

지상의 예배공간과 지하의 친교공간을 이어주는 원통부분의 진입부 모습

구성하고 있다고 보여진다. 외부마감재로 적벽돌을 사용하여 전체적으로 성당건물은 4계절 동일한 한결같은 분위기를 연출하지만, 주변의 자연이 봄, 여름, 가을, 겨울 제각각 다른 색으로 채색됨으로써 더욱 다양한 의미로 다가오기도 한다. 본 성낭의 수요부분의 구조는 철근콘크리트구조체로 진입부, 원통부, 예배공간이 삼각부분의 주 구조체를 형성하고 있으며, 특히 삼각부분인 예배공간의 내부에서는 구조체의 구조적 기능이 미학적으로 그대로 나타나 부분적으로 수직적 볼륨을 더욱 강화하는 요소로 작용함을 느낄 수 있다.

〈마음이 가난한 자들을 위한 성당(천사의 집)〉

마산-통영간국도변 원진마을 앞 화산삼거리에서 1007번 도로를 타고 진주방향으로 이동하다가 마암면사무소를 지나 배치고개를 넘어가기 전 신지마을에서 좌측 소도로로 진입하여 어은곡저수지를 지나면 저수지 오른쪽 윗부분에 성당이 보인다.

(필자 : 양금석)

201

문화의 돛단배 ... 거제문화 예술회관

　　조선공업의 요람이자 해양산업의 기지인 거제도가 가지는 조형적 이미지의 '순풍에 항진하는 돛단배' 형상을 하고 있는 문화예술회관은 본관동(대공연장 1,206석, 소공연장 431석)과 별관동(호텔 59실, 실내수영장 등)으로 구성되어 있다. 남해바다의 보고, 거제도가 지닌 조형적 이미지에 가장 어울리는 형태이기도 하다. 도시와 농촌 간에 문화수혜의 격차가 심한 산업사회의 현실 속에서 거제시민에게 또 다른 자긍심을 부여하고 묻혀 있는 향토예술을 발굴, 육성하고 세계적인 문화행사를 유치하는 데 기여할 수 있게 하였다. 따라서 배움과 연구, 휴식과 즐거움의 문화적 장소로 설립된 이곳은 대공연장과 소공연장, 전시장, 집회시설 및 휴게시설을 비롯하여 실내수영장, 볼링장 등의 종합체육관과 수익성이 높은 숙박시설이 갖추어져 있다.

　　대지 서측에 위치한 산으로 막힌 공간과 남측면의 장승포항으로 이어지는 열린공간의 조망을 동시에 고려한 전면부를

| 순풍에 항진하는 돛단배의 형상을 보여주는 거제문화예술회관 전경 |

설정, 문화예술회관의 정면성을 강조하였으며, 배면의 막힌 공간과 전면의 트인 공간이 조화되는 방사형으로 평면적 기능을 배치하였다. 협소한 대지여건상 전체기능을 포함한 매스와 진입동선의 이미지를 극대화시켜 선형적 요소인 데크를 도입하였다. 자연지형과 조화를 이루도록 한 건물배치는 문화예술관의 특징을 더욱 잘 살리고 있다. 지형을 이용한 층단의 구성은 건물 뒤쪽 지형이 더 높다는 점을 감안해 전면부는 방사형으로 배치함으로써 건물의 안정감을 부여하고 있다. 물론 이러한 배치는 진입부에서의 조망에 다각도의 변화를 주고 있으며, 또 좁은 부지를 효율적으로 이용하기 위해 데크(Deck)를 설치함으로써 이를 인공대지 개념으로 파악, 옥외 개방공간으로 설정한 것도 돋보이는 계획이라 할 것이다. 더욱이 대지의 레벨차이로 발생한 상하간의 공간 이용의 구분에 있어서도 데크를 매개로 사용하여 문화시설 존과 레포츠 및 수익성시설 존을 적절하게 구분, 연결하고 있다.

| 거제문화예술회관 외부마감은 돛단배의 이미지를 만곡된 메탈처리로 형상화 했다. |

거제문화예술회관의 중심이라 할 수 있는 극장부분은 지하 1층~지상 3층에 걸쳐 대극장, 소극장, 로비 등으로 구성되어 있다. 대극장의 면적은 3,181.24㎡이며 객석은 고정석 1,098석, 오케스라피트 96석, 장애인석 12석 총 1,206석을 갖추고 있다. 소극장은 면적 1,434.73㎡로 구성하였으며, 객석수는 총 430석(장애인석 5석)이다. 1층은 관리사무실, 악기보관고, 분장실, 대기실, 전시실, 카페테리아 등으로 구성되어 있으며, 지하 1층에는 러허설실, 연습실, 공조실, 전기실, 대도구제작실, 창고 등이 있다.

지하 1층에서 지상 2층으로 이어지는 공연장의 동선은 동적동선과 정적동선으로 구분되도록 처리함으로써 혼잡을 최소화하였고, 연습실, 분장실 등을 이용하는 스테프 영역과 무대, 오케스트라 연주장 등의 연결동선이 공연준비와 진행과정에서 상호 유기적으로 이어지도록 공간을 배치하였다.

　　문화예술회관의 이용에 있어서 노인·임산부·장애인도 차별없이 이용할 수 있도록 장애자용 주차장은 물론이고 경사로나 엘리베이터를 설치하여 접근성을 확보하고 있으며, 휠체어 이용자를 위한 객석은 무대부분의 시야확보가 유리한 중심부분에 배려함으로써 신체적 조건에 따른 문화공간 이용에 있어서 차별을 극복하고자 노력한 점을 엿볼 수 있다.

　　거제문화예술회관의 입면은 극장부의 외관을 순풍에 항진하는 "돛단배의 형상"으로 처리함으로써 거제시 장승포항이 가지는 조형적 의미를 충분히 표현하였다고 할 수 있다. 이러한 조형적 요소를 장승포 항구언덕에 종합문화예술회관의 기능을 갖춘 거제시의 랜드마크로 조형화하였다. 극장부분의 아랫부분은 층별로 기단과 같은 이미지의 입면처리를 통하여 안정적이며 주변과도 조화되는 디자인을 구현하고 있다. 돛단배의 형상의 이미지로 나타나는 상부의 곡면부 마감재료는 메탈

| 극장 진입부분의 로비공간은 개방적인 공간으로 처리하고 있다. |

거제문화예술회관 옥상데크

승강타워

로 처리함으로써 햇볕에 반사되어 나타나는 외관은 바람에 부
푼 돛과 같은 이미지를 연출한다. 또한 스포츠시설이 배치되
어 있는 아랫부분의 직선적이고 경직된 아름다움과 상층부의
곡면으로 연출되는 자유로운 아름다움이 서로 대조되어 조형
의미는 더욱 강조된다고 할 수 있다.

　　극장부분의 내부는 외부가 풍부한 개방감을 가지고 있다
는 점을 고려하여 내부는 철저하게 절제된 공간으로 연출하여
빛의 변화에 의한 극적공간의 체험을 유도하고 있다. 특히 리
듬감 있는 로비 벽은 무대에서의 감흥을 보다 오래 간직하며
느낄 수 있도록 노력한 의도가 엿보이며, 내부와 외부의 극적

공간체험을 위해 장승포항을 내려다보는 조망확보를 위해 로비 외벽부분의 기둥은 철골구조로 처리하여 가급적 많은 시야를 확보할 수 있도록 하였다.

아름다운 장승포항을 내려다보며 돛단배가 바다를 항해하는 형상으로 만들어진 거제문화예술회관은 시간과 공간을 초월한 거제시민의 생활의 멋과 즐거움을 제공하는 멋스러운 공간이다.

〈거제문화예술회관〉
신거제대교를 지나 국도 14호선을 타고 고현읍을 지나 장승포 방면으로 진행하다가 대우조선해양 옥포조선소를 지나 좌측편에 있는 혜성고등학교 앞부분 삼거리에서 100M 전방 좌측에 경사지에 위치한 거제문화회관을 마주하게 된다.

(필자 : 양금석)

환상적인 야경과 점점이 떠있는 한려해상국립공원 내의 수많은 섬, 그리고 환상적인 드라이브코스로 잘 알려진 통영 미륵도 산양일주도로 인근에 경남 수산의 자랑, 우리나라 수산의 자랑인 국내최고 수준의 통영수산과학관이 위치하고 있다. 계획대지의 고처자로 인해 주변과의 연결이 중요한 문제 중의 하나였을 것으로 여겨졌다. 설계자는 문제이기도 한 대지의 고저차에 따른 흐름을 고려하여 전시공간에는 매스를 길이방향으로 설정함으로써 기본적인 문제를 해결하고자 하였다. 매스의 흐름을 다소 자유롭게 설정하여 다양한 이미지구현과 다양한 위치에서 볼 수 있는 조건의 변화를 추구한 것으로 여겨진다. 전시공간으로 구성된 내부의 휴게공간과는 다르게 외부 주차장 주변의 높은 자리에는 데크형 전망공간을 설정하여 탁 트인 남해바다를 조망할 수 있도록 하였다. 또한 장애인 이용자들의 접근성을 고려하여 건물전체에 계단을 줄이고 경사로를 적용하였으며, 2층으로의 이동은 장애인전용 엘리베이터를 이용하도록 하였다.

전시공간으로 구성된 입방체가 경사진 대지 위에 길이방향으로 놓여져 있지만 하단부가 개방적으로 보여 지도록 들어올려 두었음.

| 통영수산과학관 영상실 |

| 통영수산과학관 전시실 |

전시실은 총 6개의 테마로 나누어 구성하였으며, 1층에서는 바다의 탄생을 시작으로 항해를 직접 체험할 수 있는 시뮬레이션 영상 체험기기 그리고 해양오염의 실태와 환경보전의 중요성도 강조하였으며, 세계어선의 모형전시와 해양퍼즐퀴즈게임기 등의 시설이 구비되도록 하였다.

2층에서는 가로7m×세로5m 크기로 된 60명이 관람할 수 있는 영상실을 비롯하여 통영패총을 형상화하여 원형으로 만들어진 마치 어둠 속의 우주와 같은 총총한 별이 떠있는 경남의 특색관을 구성하였으며, 건물과 수려한 주변자연경관의 조화 그리고 교육적 가치까지 지닌 수산과학관은 이용자들에게 많은 인기를 얻을 수 있게 구성한 것을 느낄 수 있다.

내부에는 통영 앞바다의 다도해를 상징화해서 섬들을 기능실 혹은 휴게실로 계획하고, 그 사이를 연결다리로 건너가도록 하였다. 설계자는 수산과학관의 내부공간은 중심과 부공간이 구분되는 그런 공간이 아니라 비위계적 공간, 마치 물고기 떼가 움직일 때 보여주는 공간과 같이 그 사이들이 변하기도 하나 전체는 일관된 성격을 갖는 그런 공간을 의도하고 설계하였다고 한다. 실내는 자연채광이 가능하도록 세밀하게 건축되었으며, 데크형 휴게공간에서는 다도해를 조망할 수 있도록 하여 전시공간 관람자들의 휴식공간으로도 훌륭한 역할이 기대된다.

통영수산과학관의 입면은 경사진 대지 위, 해변 가까이에 위치한 입지적 조건으로부터 태풍으로부터의 안전성 확보도 입면 디자인에 영향을 준 듯하다. 당초 제시된 설계지침에 등대 역할도 고려해달라는 것 때문에 설계에서 다소 무리하여 조형을 처리함으로써 바다 쪽으로 많이 돌출시켰다고 하지만, 대지의 서측 산자락에 위치해 있는 달아공원 쪽에서 바라보면

경사진 대지에 길이방향으로 전시공간을 배치한 자연스러운 대지이용이 돋보인다.

외부 주차장 주변의 높은 자리에는 데크형 전망공간을 설치하여 탁 트인 남해바다를 조망할 수 있도록 하였다.

그다지 많이 돌출된 것 같지는 않다.

무엇보다도 평면적으로는 전시공간의 매스를 길이방향으로 설정하고, 부분적으로 전시공간을 형성하고 있는 입방체를 수평적으로 배열하지 않고 대지의 윗부분에서 아랫부분으로 갈수록 각도를 올려두고, 변화있는 구성을 이룸으로써 건물 입면은 역동적으로 나타나며, 박스형태의 변화를 구현하여 부분적인 해체적 의미를 읽을 수 있다. 바다 저 멀리 세계와 우주로 뻗어나가는 형상으로 건물자체에 대해서도 국내에서는 보기 드문 특색을 가지고 있다.

현대에 와서는 건축물자체가 도시와의 관계에서 혹은 그 배경을 이루는 집단관의 관계를 빼놓고 애기하기는 어려운 상황이라 생각되듯이 도시건축에서 일어나는 공공성은 다원화된 생활에서 볼 때, 이질적이고 혼잡스러운 경향을 나타내지만, 이러한 제각각의 이벤트들이 모여서 한 장소의 성격을 드러낼 수 있는, 그래서 어느 정도 동질성을 가질 수 있는 흐름이 일어

나도록 하고 싶어 한 설계자의 의도를 엿볼 수 있는 작품이다.

도시건축의 한 단일한 장소에서 여러 종류의 행위들이 일어나 그 전체의 흐릿한 동질적인 느낌을 가질 수도 있고, 또 여러 다양한 공간적 구성을 통해서 이러한 목적을 달성할 수도 있을 것이다. 이러한 생각들이 통영수산과학관에 깔려 있는 건축적 이슈였다고 생각된다.

〈통영수산과학관〉

통영대교를 지나 산양면으로 접어들어 1021 순환도로를 타로 삼덕항을 지나 달아공원에 도달하게 된다. 달아공원에 바라보는 수산과학관의 경관도 볼 만하다. 달아공원에서 고갯길을 내려가 달아마을에서 1021도로를 벗어나 바닷가 쪽으로 150m 진행하다가 언덕 위로 올라가면 수산과학관이다.

(필자 : 양금석)

213

개방적 공간의 극대화 ... 사천시청사

사천시 시청사는 사천시 용현면 덕곡리 일원에 위치하며, 동측에는 와룡산이 자리하고 있으며 서측으로는 멀리 사천만이 바라다보이는 동고서저(東高西低)의 대지조건을 갖추고 있다. 대지의 서측으로 삼천포와 사천읍을 이어주는 국도 3호선이 지나고 있어 시청사의 진입은 이 도로로부터 이루어진다. 이러한 조건에 의해 시청사의 건물과 외부공간의 배치에 있어서도 향과 조망을 고려한 계획을 입안하는데 다소 어려움이 있었을 것이다. 민원동은 남향을 취하고, 행정동은 남북축으로 배치하여 진입축에 대한 정면성을 확보하도록 고려되었으며, 의회동은 다소 독립적으로 남측부분에 원형으로 배치하였다. 또한 민원동과 의회동의 매스는 규모를 작게 하고, 후면부의 일반 행정동의 매스는 다소 높게 형성하여 이용자들의 접근시 진입동선의 부드러운 유도가 가능하게 하였다. 특히 진입

축에 대해 직각축으로 구성된 의회동과 민원동의 사이와 후면의 행정동의 하단은 필로티 형태로 개방함으로써 전면의 진입광장에서부터 동측의 와룡산 자락까지의 통경축이 확보되게 함으로써 자연스럽고 개방적인 공공청사의 이미지를 잘 나타내고 있다. 또한, 청사 방문객들의 주차를 위한 공간은 청사 남측외부와 하부 필로티부분, 북측 후면부분으로 각각 구분하여 충분한 면적을 확보함으로써 효율적인 대응이 가능하도록 하어 있으며, 시민들의 다양한 활동에도 활용할 수 있는 공간으로도 기능할 수 있게 배려하여 계획되었다. 나아가 동측부분의 외부공간은 청사 근무자뿐만 아니라 방문객들을 위한 휴게공간으로서의 기능이 충실할 수 있도록 기존의 소류지, 산과 연계하여 친화적인 공원으로 조성하여 시민들이 손쉽게 접근, 이용할 수 있도록 배려하였다.

서고동저의 대지조건에 서향이 정면을 향한 배치로 구성된 모습을 보여주고 있다.

　　민원동의 1층은 시민들의 방문이 많은 민원관련실을 배치하여, 민원행정에 대한 원스톱행정서비스 실현을 위한 중심공간으로 역할을 부여하였다. 2층에는 시민들이 문화공간과 예식장 등으로 이용할 수 있는 대강당과 체력단련실 등이 배치되어 있다. 식당은 3층에 위치하고 있고, 4층 옥상에는 휴게공간으로 조성하여 근무자들의 어메니티를 높이는 공간으로 활용되고 있다.

　　행정동에서는 1~2층은 필로티로 개방하여 두었으며, 3~8층은 부서별 업무연계성과 효율적인 공간사용을 고려하여 층별 공간사용 부서를 배치하고 있다.

　　시청사의 입면상의 이미지에서도 '자연 속에 가벼이 떠 있는 밝은 시청'을 표현하고자 한 설계자의 의도가 보여질 수 있도록 사천시의 수려한 자연과 미래의 모습을 담아내는 '맑은 이슬(투명성)'과 시민에게 열려진 문화와 자연을 향유할 수 있는 '태양의 마당(개방성)' 그리고 관광휴양도시. 첨단산업도시 사천을 상징하는 '새로운 얼굴(상징성)'이라는 개념으로 설계되었다. 그리고 자연, 시민, 건축물이 조화되는 친환경적인 Green 시청을 실현하기 위하여 기존 대지의 생태적 가치를 최대한 활용하고, 외벽마감에는 유

의회동과 민원동 사이의 오픈공간으로 통하여 사천만이 한눈에 들어오도록 개방적으로 처리함으로써 열린 청사의 이미지를 높여주고 있다.

청사 행정도의 후면에 위치한 산으로 막힌 경관을 고려하여 행정동의 하부를 필로티로 처리하여 접근시 심리적 부담감을 줄여주고 있다.

민원동의 민원실 내부는 수직적으로 오픈된 공간을 구성한 민원인 대기공간과 업무공간부분의 구성을 달리함으로써 변화로운 서비스공간을 연출하고 있다.

리를 적극적으로 사용함으로써 자연채광을 내부로 유입시켜 공간의 확장성 및 투명성을 확보하였으며, 사천시의 미래상을 상징하는 독창적인 이미지와 휴먼 스케일을 적용한 친환경적인 이미지를 부각시키고 향후 도시맥락 및 주변 환경에 순응하는 조형을 창출하였다. 특히 의회동과 행정동의 계단부분은 원형으로 처리함으로써 민원동과 행정동의 중심부분이 사각형으로 구성된 경직된 이미지를 해소하고 바다를 가까이하고

정면성을 고려한 배치를 추구한 결과 서향 배치의 행정동을 계획함으로써 일사량 조절에 보다 적극적인 대응이 필요하게 되어 내부의 버티칼 설치와 외부의 루버설치 등이 고려되었다.

있는 지리적 조건을 잘 승화시켰으며, 의회동과 민원동을 알루미늄 패널로 마감한 대형지붕을 의장적 요소로 사용하여 연결함으로써 하부의 오픈된 진입공간이 매개적 공간으로서 자리매김하게 하였다.

　　사천시청사는 제23회 부산건축대전 시상식에서 2007년도 "BEST완공건축물"로 선정되기도 하였다.

〈사천시청사〉

진주에서 삼천포나 남해로 이동하는 도중에 용현면 신도시 조성중인 지역의 중심부에 위치하고 있다. 진주에서 삼천포로 이어지는 국도3호선으로 이동 중 용현신도시종성지역의 중심부에서 와룡산 자락을 배경으로 좌측에 위치하며, 시청사 주변에는 아파트단지가 조성되고 있다.

(필자 : 양금석)

　　힐튼 남해골프 & 스파 리조트는 여러 개의 작은 섬들이 모여 있는 곳에 자리잡은 건축물과 바다를 보며 골프를 칠 수 있는 씨사이드 골프장, 고급 스파 시설을 갖추고 있는 한국 최초의 글로벌 브랜드 리조트로 설계되었다. 남해 바다의 물결치는 파도에 영감을 얻어 설계된 힐튼 남해는 남해의 수려한 자연경관이 어우러진 150개의 스위트룸, 20개의 프라이빗 빌라와 클럽하우스로 구성되어 있다. 각각의 건물을 지형의 흐름에 따라 유기적으로 배치하여 넓은 시야를 확보하였으며, 국내 리조트로서는 최초로 전 세대 5베이(Bay) 구조로 낮은 층 객실에서도 바다, 섬, 골프 코스를 조망할 수 있을 뿐만 아니라, 개인의 프라이버시를 지키며 머물 수 있도록 설계되었다.

연속적으로 요동치며 움직이는 역동적인 공간을 구현한 힐튼 남해골프 & 스파 리조트의 메인동 전경

설계자 민성진은 살아있는 생물체처럼 연속적으로 요동치며 움직이는 역동적인 공간을 구현하는 건축가이다. 그의 유기적인 건축은 '자연'과 '사람'이라는 매우 근본적인 생각에서부터 시작한다. 그의 자유로운 건축에서는 미완결의 형태들이 시각적인 아름다움을 만들어낸다. 힐튼 남해의 외관에서 볼 수 있는 조각조각 나누어진 도형과 스테인레스 지붕, 자연석과 콘크리트가 어우러진 벽은 마치 가느다란 바늘과 실로 꼼꼼히 꿰매어간 듯 섬세하다. 복잡하지만 체계적이고, 차가우면서도 아늑하고, 날카로우면서도 부드러운 건축의 대립성과 감각의 미학을 힐튼 남해에서 느낄 수 있다.

클럽하우스를 경사지에 위치시키고 바다를 향해 개방성을 확보하였으며 경사지면의 안쪽으로는 조망을 그다지 필요로 하지 않는 공간을 배치하여 자연조건을 최대한 활용한 기능적인 배치를 실현시키고 있다. 분 전경

설계자가 근년에 새로운 기술과 미학으로 독창적인 건축세계를 쌓아가고 있는 대표적인 예들 중 하나가 힐튼 남해골프 & 스파 리조트 프로젝트라 할 수 있을 것이다. 전국토가 이미 일제시대 이후 구축된 근대적 건물들로 덮여 있고, 그런 환경에서 이질적인 미학을 심는 것은 개인의 능력을 넘어서는 거대한 구조적 문제이기도 하기 때문에 한국에서 탈근대적 건축을 추구하는 것은 분명 쉬운 일이 아닐 것이다. 힐튼 남해 골프&스파 리조트는 고전적인 성향 일색인 클럽하우스에 현대적인 해법도 가능하다는 것을 보여주고 있다. 그 결과 2007년 공간디자인 대상을 수상하였다.

그랜드 빌라(Grand Villa)는 2층 구조의 독립공간으로 구성하여 외부로부터의 방해를 받지 않고 조용하고 독립적으로 사용할 수 있도록 하였다.

계획대지 내에서 중심 건축물인 클럽하우스는 경사지 윗부분을 통하여 차량이 접근 하도록 동선을 처리하였다. 건물을 경사지에 위치시키고 바다를 향해 개방성을 확보함으로써 바다조망을 즐길 수 있는 레스토랑, 욕실 등의 공간을 배치하고, 경사지 안쪽으로는 조망을 그다지 필요로 하지 않는 공간을 배치하여 자연조건을 최대한 활용한 기능적인 배치를 실현시키고 있다. 구릉부분의 상단부로 접근하여 주출입구를 통과하여 접수창구가 있는 메인로비에 도달하게 되어 있다. 이곳 홀은 대기하거나 지하 1층, 락카룸, 레스토랑으로 분산, 이동할 수 있는 결절점 역할을 하며 진입 축 방향으로 바다 조망이 가능하도록 되어있다. 운동 후의 동선도 외부에서 쉽게 접근할 수 있게 지하 1층 부분에서 접근하도록 하고, 락카공간을 매개로 하여 탈의, 샤워공간과 메인 홀을 연결시키고 있다.

스위트&빌라는 전세대 5-bay 구조로 낮은 층 객실에서도 바다, 섬, 골프 코스를 조망할 수 있을 뿐만 아니라, 개인의 프라이버시를 지키며 머물 수 있도록 설계되었다.

그랜드 빌라(Grand Villa)는 20개의 프라이빗 빌라로 구성되어 있으며, 각 건물은 2층 구조의 독립공간으로 구성하여 외부로부터 방해를 받지 않고 조용하고 독립적으로 사용할 수 있도록 하였다. 단위주호의 영역 내에 개인 수영장과 아담한 정원이 마련되어 있으며, 계단실을 중심으로 각 침실영역의 독립적 사용이 가능하도록 하였다. 자연친화적 건축 자재를 사용함으로써 모던하면서도 자연과 어우러지는 디자인을 강조했으며, 내부로 진입하자마자 바다를 향해 열려 있는 홀을 둠으로써 빌라 자체가 바다와 연결된 듯한 느낌을 준다.

지붕부분의 변화로움을 내부공간의 변화로 승화시킨 메인 홀 계단부 모습

축성과 심메트리의 미를 엿볼 수 있는 사우나실 계단부 모습

바다가 바라다보이는 조망으로 편안하고 여유로움을 강조하여 세련된 인테리어로 마감된 그랜드스위트의 거실

　클럽하우스는 정적인 분위기로 연출되는 바다에 역동적인 울림을 주는 힐튼 남해 부지 중 가장 구심적인 부분에 위치하고 있다. 각기 다르게 경사진 지붕들의 조합과 넓은 창을 통해 외부의 모습과 빛을 내부로 투영하여 정적인 바다에 역동적인 울림을 줄 수 있도록 디자인되었다. 역동적인 느낌의 경사지붕은 마치 내부공간에서 맞배지붕과 같은 공간감을 주며, 연회실 부분에 커다란 지붕을 배치하여 독립적인 공간에서 시원한 바다를 감상할 수 있도록 설계되었다.

〈힐튼 남해골프 & 스파 리조트〉

사천에서 연육교와 창선교를 건너 이동면과 남면을 지나 1024번 도로를 타고 두곡해수욕장, 남면소재지를 차례로 지나, 덕원마을에 진입하거나 남해읍 남변사거리에서 평현마을을 지나서 고실치고개를 넘어서면 덕원마을이 나타난다. 덕원마을에서 좌회전하여 덕월교를 건너면 리조트에 도착한다.

(필자 : 양금석)